土体的冻结与融化
——工程案例与有限元计算

[俄]库德里亚夫采夫·谢尔盖
[俄]萨哈罗夫·伊戈尔 著
[俄]帕拉莫诺夫·乌拉季米尔

赵茂才 译

人民交通出版社股份有限公司

北京

内 容 提 要

本书主要讨论了热物理问题的数值实现问题以及在冻融过程中土体的应力-应变状态问题，给出了空间条件下土体冻结、冻胀和融化问题的算法。本书列举了大量上述问题求解的案例，并将其结果与实践进行对比分析，代表着俄罗斯岩土工程领域近年来最新研究成果。

本书适合土木和交通学科研究和设计人员、教师、研究生以及相关学科的学生参考和学习。

图书在版编目(CIP)数据

土体的冻结与融化：工程案例与有限元计算/
(俄罗斯)库德里亚夫采夫·谢尔盖,(俄罗斯)萨哈罗夫·
伊戈尔,(俄罗斯)帕拉莫诺夫·乌拉季米尔著;赵茂才
译.—北京：人民交通出版社股份有限公司,2021.9
ISBN 978-7-114-17259-5

Ⅰ.①土… Ⅱ.①库…②萨…③帕…④赵… Ⅲ.
①冻土—冻胀—研究 Ⅳ.①P642.14

中国版本图书馆 CIP 数据核字(2021)第 078120 号

著作权合同登记号:01-2021-4280

书　　名：	土体的冻结与融化——工程案例与有限元计算
著 作 者：	〔俄〕库德里亚夫采夫·谢尔盖
	〔俄〕萨哈罗夫·伊戈尔
	〔俄〕帕拉莫诺夫·乌拉季米尔
	赵茂才
责任编辑：	崔　建
责任校对：	刘　芹
责任印制：	张　凯
出版发行：	人民交通出版社股份有限公司
地　　址：	(100011)北京市朝阳区安定门外外馆斜街 3 号
网　　址：	http://www.ccpcl.com.cn
销售电话：	(010)59757973
总 经 销：	人民交通出版社股份有限公司发行部
经　　销：	各地新华书店
印　　刷：	北京虎彩文化传播有限公司
开　　本：	787×1092　1/16
印　　张：	12.75
字　　数：	303 千
版　　次：	2021 年 9 月　第 1 版
印　　次：	2021 年 9 月　第 1 次印刷
书　　号：	ISBN 978-7-114-17259-5
定　　价：	59.00 元

(有印刷、装订质量问题的图书由本公司负责调换)

作者简介

库德里亚夫采夫·谢尔盖 Кудрявцев С. А

工学正博士,远东国立交通大学"铁路轨道,地基和基础"教研室教授,远东国立交通大学科研副校长,俄罗斯联邦交通科学院院士,俄罗斯荣誉建设者,萨哈(雅库特)共和国铁路运输荣誉工作者,俄罗斯土力学、岩土工程和基础工程委员会会员,国际土力学和岩土工程学会(ISSMGE)第 216 号"冻土"技术委员会委员,俄罗斯建筑学会顾问,发表论文 400 余篇。

萨哈罗夫·伊戈尔 Сахаров И. И

工学正博士,圣彼得堡国立土木建筑大学岩土工程教研室教授,Геореконструкция 集团副总经理,俄罗斯土力学、岩土工程和基础工程委员会会员,发表论文 300 余篇。

帕拉莫诺夫·乌拉季米尔 Парамонов В. Н

工学正博士,圣彼得堡国立交通大学地基与基础教研室教授,Геореконструкция 集团技术总经理,国际土力学和岩土工程学会(ISSMGE)第 216 号"深基础"技术委员会委员,俄罗斯土力学、岩土工程和基础工程委员会会员,发表论文 300 余篇。

译者序

我与这本书的作者们是在 2000 年 10 月至 2001 年 10 月在圣彼得堡国立土木建筑大学进修期间认识的，当时我在该校岩土工程教研室做访问学者，萨哈罗夫·伊戈尔为该教研室的教授，库德里亚夫采夫·谢尔盖和帕拉莫诺夫·乌拉季米尔正在攻读工学正博士学位，师从乌里茨基·乌拉季米尔教授。

回国后，我一直与作者们保持着紧密的联系，曾共同多次承办国际学术会议、合作发表学术论文、合作申请发明专利等。我们进行了多次学术互访，在国家引智项目资助下，库德里亚夫采夫·谢尔盖院士和帕拉莫诺夫·乌拉季米尔教授多次来我国短期工作，并成为国家重点研发计划、战略性国际科技创新合作项目（项目编号：2016YFE0202400）的俄方合作单位负责人。

本书作者们都是 Геореконструкция 集团兼职高管，Геореконструкция 集团[现更名为岩土工程改建建筑设计研究院有限公司（ООО Институт Архитектурно-строительного Проектирования, Геотехники и Реконструкции）]拥有自主知识产权的 FEM 软件。本书主要介绍了"FEM models"的软件模块"Termoground"的基本模型建立的理论基础，结合工程实践，列举了其多年来解决与土体冻结与融化相关的大量实际工程项目案例，在俄罗斯该领域处于领先地位。本书中文版的出版，有利于中国学者进一步了解俄罗斯，也将对我国"一带一路"倡议建设和发展有所裨益。

Геореконструкция 集团和本书作者无偿将该书的版权授予人民交通出版社股份有限公司，对此表示感谢。

哈尔滨工业大学交通科学与工程学院谭忆秋院长对本书出版给予全力支持，对此表示感谢。

该书的出版，得到国家重点研发计划、战略性国际科技创新合作项目（项目编号：2016YFE0202400）的资助，对此表示感谢。

由于译者的水平有限，文中错误在所难免，恳请读者批评指正。

赵茂才

2020 年 9 月于哈尔滨工业大学交通科学与工程学院

前言

该书以 Геореконструкция(Georekonstruktsiya)集团资助的"现代岩土工程成就"系列丛书形式在俄罗斯出版,该系列丛书旨在使读者们了解土力学和地基基础工程施工领域的最新原创成果。

该书的作者库德里亚夫采夫·谢尔盖(Кудрявцев С. А)和萨哈罗夫·伊戈尔(Сахаров И. И)教授是土体冻结过程的物理学和力学领域的专家,他们的工学正博士学位论文曾专门致力于解决这些问题。帕拉莫诺夫·乌拉季米尔(Парамонов В. Н)教授是岩土工程数值模拟领域的专家。

遗憾的是,像俄罗斯其他许多科学分支一样,在20世纪90年代,对多年冻土工程学的研究有一定的停滞。在新一代的许多管理人员甚至建筑师中,目前有一种观点认为,至少在俄罗斯的欧洲部分,与土体冻结和融化有关的问题并不重要,甚至不用考虑。为此,本书的前两章包含一些俄罗斯欧洲部分遇到的工程案例,其中包括相对较少为人所知的冻结和融化对建筑物结构的负面影响的工程实例,这些案例表明了这些问题的重要性。

应该强调的是,近年来的工程建设主要与深坑的施工有关,深坑的衬砌构件在冻结时产生了大的额外附加应力。例如,当考虑采用冻结法建造隧道以及冻结过程对周围建筑物和结构的影响时,应该研究在二维、三维空间中冻结和融化随时间变化的问题。

显然,类似的无论土体的热物理问题,还是应力应变问题,都是非常复杂的,都无法通过解析法来解决,本书讨论了此类问题的数值解。21世纪初,在作者们的努力下,创建了著名的 Termoground 有限元程序,他们决定写这本书,主要是面向熟悉数值方法来解决复杂岩土问题的年轻研究人员。这本书对于气候条件恶劣地区的建筑领域的工程师以及地下建筑工程设计人员非常有帮助。

绪论中简要综述了有关土体冻结和融化过程伴随现象的背景信息以及在这种情况下现有的变形计算评价方法。读者可以在 Цытович Н. А(1973年)和 Орлов В. О(1962年)等的专著中找到有关这些过程的详细评论。

本书致力于讨论土体热物理问题的数值解以及土体冻结和融化过程中的应力应变问题。本书包含了大量解决上述问题的工程案例,并结合作者丰富的实践经验,将数值分析结果与实际案例进行了比较。

我们认为,本书的出版将帮助年轻研究人员了解多年冻土学研究中最新的数值分析方法。鉴于俄罗斯政府计划开发北冰洋海岸、建设第二条横贯西伯利亚干线以及俄罗斯北部和西伯利亚的其他大型开发等新项目的出现,在不久的将来,对这类专家的需求也将随之增加。

工学正博士、教授、俄罗斯联邦交通科学院院士
乌里茨基·乌拉季米尔(Улицкий. B. M)

目录

绪论 ··· 1
第1章　土体冻结引起的结构物变形 ··· 5
  1.1　单面冻结时法向冻胀力作用引起的变形 ·· 5
  1.2　多面冻结法向冻胀力引起的变形 ··· 9
  1.3　冻胀剪切力作用引起的变形 ··· 11
第2章　土体融化时结构物变形 ··· 13
  2.1　季节性土体融化引起的变形 ··· 13
  2.2　人工冻结冰土结构退化产生的变形 ··· 15
  2.3　与永冻土或者多年冻土地基融化有关的变形 ·· 17
第3章　在空间条件下分析土体冻结、冻胀及融化的有限元模型构建 ································ 21
  3.1　湿热过程和应力-应变状态的图式化方法 ··· 21
  3.2　求解非平稳热物理问题的有限元方程组 ·· 23
  3.3　在求解热物理问题时水体相变的考虑 ··· 27
  3.4　用冻结时孔隙中的初始未冻结水确定冻土湿度 ·· 29
  3.5　水分迁移冻土湿度的确定 ·· 31
  3.6　解决热物理问题的土体模型的数值方法 ·· 37
  3.7　土体冻胀有限元模型 ·· 40
  3.8　融化时土体变形计算有限元模型 ·· 45
第4章　土体冻结和融化简单问题解与实验及已知解比较 ·· 48
  4.1　土体的一维和二维冻结问题 ··· 48
  4.2　在实验室条件下土样试件冻结过程边界条件模拟设置方法的影响评价 ························ 51
  4.3　一维温度分布的平稳问题 ·· 54
  4.4　一维冻结和融沉过程模拟 ·· 55
  4.5　融化过程的地温分析 ·· 60
  4.6　温暖建筑物下冻土的融化过程分析 ··· 62
  4.7　管道周边土体冻结过程分析 ··· 64
  4.8　与冻结和融化相关的土体变形计算 ··· 66
  4.9　冻胀各向异性系数对冻结过程中土体变形的影响评估 ··· 69
  4.10　法向冻胀力评估 ·· 71
  4.11　冻胀土中基础锚固工程 ·· 73

第 5 章　土体冻结、冻胀和融化过程计算的工程案例 ······ 79

- 5.1　隔热材料的实际应用和数值研究 ······ 79
- 5.2　已长期使用深季节性冻结条件下建筑物的条形基础的防寒效果评估 ······ 84
- 5.3　水分迁移条件土体冻结和冻胀 ······ 87
- 5.4　土体冻胀时桩体隆起的数值模拟 ······ 92
- 5.5　邻近圣彼得堡动物园建筑物的基坑开挖土体冻结过程计算 ······ 94
- 5.6　后贝加尔湖铁路 Горелый—Имачи 区间 7286 ПК6+50—ПК 7+18 段路堤温度场的数值模拟和实验研究 ······ 96
- 5.7　后贝加尔湖铁路路堤冻胀和融化的数值模拟和实验研究 ······ 100
- 5.8　铺设隔热层降低贝加尔湖铁路路堑段冻胀和融化变形的有效性研究 ······ 104
- 5.9　萨哈林铁路路基冻胀和融化过程研究 ······ 107
- 5.10　哈巴罗夫斯克边区 Бикин 市冷库冻胀变形计算 ······ 111
- 5.11　水泥注浆加固融化土体时冷库地基融化和冻胀变形评价 ······ 112
- 5.12　冬季基坑冻结问题 ······ 120
- 5.13　在日照不均的季节性冻土上的建筑物变形 ······ 123
- 5.14　冻结法地铁倾斜隧道融化时土体变形 ······ 126
- 5.15　地基冻结建筑物损坏计算评价 ······ 129
- 5.16　构造断层带季节性冻土区中石油管道地下铺设结构解的依据 ······ 139
- 5.17　多年冻土分布地区的土方工程 ······ 143
- 5.18　冻胀剪切力对户外控电柜（КРУН）支柱变形影响评价 ······ 157
- 5.19　寒冷地区道路工程建设热物理问题 ······ 160
- 5.20　季节性冷却装置在多年冻土地区铁路路基工程应用的数值分析 ······ 181

参考文献 ······ 186

绪 论

由极端气候条件以及永冻土分布地区的建筑物和结构建设引起的工程问题,首先出现在 20 世纪初俄罗斯横贯西伯利亚的大铁路建设期间。在运营期间,土体冻胀对工业和民用建筑造成了破坏,而铁路结构对变形尤为敏感,因此,铁路工程师首先注意到这种负面影响。

Свиньин В(1912 年)是最早描述土体冻结过程中建筑物变形观测成果的学者之一。Свиньин В 指出,铁路建筑物在施工后不久就出现了水平、倾斜和垂直裂缝。由于基础的埋置深度远低于土体的冻结深度,因此建筑物结构中裂缝的出现是由于土体向基础侧面的膨胀以及土体和基础材料冻结在基础侧面作用引起的。从那时起,冻胀法向力和剪切力的概念被引入冻土的理论和实践中。

土体冻胀法向力垂直作用于地下结构的表面。垂向法向力最常见的是发生在基础的底面,但是水平法向力也可以沿着基础的侧面、地下室外墙以及基坑支护结构上分布。冻胀法向应力的大小取决于影响冻胀过程的许多因素,此外还受建筑结构变形的约束和建筑结构刚度的影响。随着这些参数(数值)的变化,土体冻结法向力也发生变化。

冻胀剪切力是由于地下结构的侧面土体与结构一起冻结硬化造成的,并且剪切力垂直于冻结面。这些力的大小,除了与土体的类型、含水率大小等因素有关外,还与土体一起冻结结构表面的粗糙度有关。

关于冻结过程中土体冻胀现象、变形和力的研究,实际上已有 100 多年的历史了。首先,俄罗斯学者为解决这些问题在 20 世纪初作出了重大贡献(如 Штукенберг В. И、Войслав С. Г、Андрианов П. И、Федосов А. Е、Сумгин М. И 等)。在这一时期的外国学者中,Тэбер С. 以及 Буюкос Г、Бесков Г 等人做了大量的基础研究工作。

根据研究,可以区分两个土体湿度指标,这些指标确定了初始冻胀条件。第一个指标是冻胀界限含水率(W_h),它表示界限湿度状态,在该界限湿度状态下,气孔中充满了冰和冻结土体中的未冻结水,但没有冻胀。第二个指标是临界含水率(W_{cr}),它表示界限湿度,在该临界含水率下,冻结土体中的含水率实际上不会影响其在位于冻结边界以下的土体层中水的流动性。Орлов В. О(1962 年)获得了 W_{cr} 与塑限 W_p、液限 W_L 及土颗粒密度 ρ_s 的关系式。

Цытович Н. А(1973 年)通过将土体天然含水率(W)与 W_{cr} 进行比较,提出根据含水率预测土体的冻胀,当含水率等于 W_{cr} 时,在冻结过程中土体不会冻胀。如果天然含水率大于临界含水率,土体通常会出现冻胀。Карпов В. М 与 Карпов В. М(1962 年)和 Карлов В. Д(1968 年)一起在列宁格勒建工学院(现为圣彼得堡国立土木建筑大学)进行的研究发现,即使 W 小于 W_{cr},也可以有明显的土体冻胀发生。

在不同学者进行的大量实验中,研究人员发现,表征土体冻胀的最重要参数是冻结面处和冻结区的水分迁移。因此,提出了解释冻胀发生和发展物理原因的许多水分迁移理论。

冻结速度影响土体冻胀。通常在快速冻结时,水分迁移至冻结面的过程没有足够的时间完全发展(尽管确实发生了)。因此,土体冻结速度快时的土体冻胀量通常小于缓慢冻结引起的冻胀量。施加到土体上的荷载可以减少其下土体冻胀量。为了完全消除冻结过程中土体冻胀的体积增加,必须施加很大的荷载,因为冻胀的膨胀力可以达到非常大的值。

迁移水的数量,也就是冻胀量的很大一部分与冻胀土层中的温度梯度成正比,即取决于冻结土体表面温度。研究者们提出了温度梯度临界值,在该临界值处土体冻胀量最大。Орлов В.О等人(1977年)指出,对于含水率超过30%的粉土,温度梯度临界值为0.15~0.3℃/cm。中国学者也获得了类似的研究结果(Xu. X等,1999年)。在临界温度梯度下,能确保迁移水膜的连续性。

鉴于许多外部因素(如温度梯度、压力梯度及含水率等)和土体的物理性质(如级配、孔隙、密实度、矿物组成等)对水分迁移产生影响和水分迁移过程的极端复杂性,水分迁移的物理规律迄今为止未能被完全揭示,故目前存在众多的土体冻结水分迁移理论(Орлов В.О, 1962年;Тютюнов И.А, Нерсесова З.А,1963年;Чистотинов Л.В,1973年;Цытович Н.А, 1973年;Ершов Э.Д,1979年;1986年;1999年;Чеверев В.Г,1999年,等)。在研究的初始阶段,并不总是考虑土体介质的物理化学特性。在每种迁移理论中,考虑了其主要机理的其中一个方面,据此迁移理论有相应的专门名称:冻结毛细理论(Штукенберг В.И,1885年);孔压理论(Сумгин М.И,1929年);薄膜水迁移理论(Лебедев А.Ф,1919年;Чистотинов Л.В,1973年;Чистотинов Л.В,1974年;Ершов Э.Д,1986年;Beskow G.,1947年,等);结晶力理论(Bouyouces G.I,1923年;Taber S,1930年,等);渗透压理论(Гольдштейн М.Н,1948年);吸力理论(Пузаков Н.А,1960年,等);孔隙真空理论(Нерпин С.В,Чудновский А.Ф, 1967年;Гречищев С.Е,1980年;Фельдман Г.М,1988年;Сахаров И.И,1995年,等)。

Ершов Э.Д和Чеверев В.Г(Ершов Э.Д,1986年;Ершов Э.Д,Мотенко Р.Г,Комаров И.А,1999年)进行的综述分析表明,热动力平衡的破坏应在已冻结区、正在冻结区和融化区同时考虑相变边界移动。同时,冻结和融化土体冻结区决定水分迁移。这是由于冻结区负温梯度产生和存在不可避免地导致热动力湿度梯度和压力增加,进而引起液相和气相的水分梯度增加。这些梯度引起在固相和气相状态下的水分由高梯度向低梯度方向重新迁移,也就是由高温向低温区移动。

在土体冻结过程中,土体中形成冰结晶体,构成特殊的冰透镜体冻土构造。同时,在冻土区、冻结区和融化区进行着孔隙空间及表面张力和体积力引起的渗透系数变化的结构构造重建。由于必须考虑热动力学、热物理学、物理化学、力学及水力学的相互交叉,所以冻结过程极度复杂。因此,指望近期基于物理力学研究弄清土体冻胀本质,显然是不可能的。

出于上述原因,传统的基于冻胀对结构物影响的计算评价,始终以非常粗略的近似方式进行。在基于最普遍的迁移吸附理论的分析方法中,在法向力作用于基础底部的情况下,这些近似假定如下:

(1)由初始湿度和水分迁移量确定的冻胀变形仅假定为垂直变形,从根本上忽略了产生侧向变形的可能性。

(2)求解的温度部分仅限于在地基中采用线性温度分布,而没有考虑基础材料和土体的热物理特性的明显差异。在这种情况下,仅考虑一维(垂直)冻结。

(3)法向冻胀力是基于相对较少实验数据绘制的冻胀速度和负温值关系确定的。

(4)评价结构与冻结地基的共同作用是按结构单元刚度进行的,采用了通过沿墙和窗户截面中刚度的平均值。

以此方式计算的冻胀变形(考虑或没有考虑基础上部结构的刚度)要满足极限变形,对于基本建筑物而言,其变形值为2~4cm。由于极限闭合值较小,因此满足这些限制是不容易的。

在冻胀剪切力作用的情况下,仅可以评价极限情况,即结构的稳定性,为此通常使用冻胀剪切力的列表值。冻胀剪切力作用下的冻胀变形根本无法评估。

土体融化问题,特别是分布在永冻土地区的结构物建设中越来越凸显。由于结构物下土体融沉竖向变形通常是数十厘米,故可导致任何结构物产生灾难性后果。本书后续章节的研究发现,即使在结构物下薄层土体融化沉降(通常是不均匀沉降),也可导致结构裂缝产生和扩展。隧道施工中采用冻结法的冰土混合体退化对周边场地的影响是一个特殊问题,这迫使人们不仅是在多年冻土地区,就连在俄罗斯欧洲部分的一般地区也要考虑土体融沉问题。

土体在融化和随后的压实过程中的性质,对其结构及其构造影响很大。在温度上升时,土体孔隙内的冰体开始融化,这会导致冰连接力减小。在温度达到土体固态水分融化温度时,土颗粒冰连接力跳跃式下降,以致最终完全消失。在冻土融化过程中,会产生两个互相对立的作用:由于融化水的挤压孔隙减少,从而产生密实作用和湿胀土、泥炭土中的膨胀作用。

在开放环境下慢速冻结时,土体形成含有大量冰体夹层和网状构造,土体孔隙率增加越多,其融化时沉降变形越大。这样的土体在融化时总是不可避免地产生沉降变形,其孔隙率也显著下降。许多学者给出了这一研究结果(Цытович Н. А,1973 年;Шушерина Е. П,1959 年;Киселев М. Ф,1978 年),通常情况下沉降量大于冻胀隆起量。

作为多年系统研究的结果,许多学者提出了可以基于最简单的物理或力学特性的指标来分析计算融化土体的沉降量的关系式,公式基于理论假设和经验系数。

Киселев М. Ф 于 1978 年将物理指标纳入融化沉降量计算方法基础。这些指标是:I_P——塑性指数;γ_w——水的重度;γ_s——土粒重度;K_d——与黏性土分散特性和压实压力有关的压实系数。

Лапкин Г. И 于 1938 年、Цытович Н. А 于 1941 年和 1952 年在应用力学指标的沉降量计算方法中采用了融化土体变形特性的两个基本指标:融化系数 A(A 等于在没有外部荷载作用条件下土体融化时产生的相对沉降量)和压缩系数 m_0[m_0 等于相对变形的增量(ε)与外部荷载增量(ΔP)之比,$m_0 = \varepsilon/\Delta P$]。

后一方法需要明确几点。Лапкин Г. И 建议将冻土融化沉降量划分为两部分,即条件融化沉降量(它不仅包括融化沉降量,而且还包括正常压力下的压实沉降量)和变化压缩沉降量(与冻土承受上部增加的压力成比例增加的沉降量)。Цытович Н. А 后来将沉降量划分为无荷载沉降量(热沉降)和融化土体后续压实的沉降量(荷载沉降量),并研发了冻土融化压缩实验方法。

融化土体的沉降量划分为两种,由以下方法确定:一种是融化土体自重压实沉降量,另一种是结构物自重作用在土体上的附加应力产生的沉降量。按 Цытович Н. А 的方法计算土体融化沉降量可认为是结构物地基最终的、稳定的融化沉降量。土体融化沉降量随时间的变化必须根据土体的融化速度和渗透固结来确定。分散土体融化时预测沉降量随时间的变化应该考虑一次荷载作用的不完全固结的可能性,因为土体在外部荷载和自重作用下固结速度通常小于融化速度。

在融化的地基(冻土)范围内温暖土体的热状态计算模型中,Зарецкий Ю. К 于 1988 年将模型划分为 4 个区域:已经融化区、正在融化区、融化盆型热影响结果形成的塑性冻土区和坚硬状态冻土区(融化盆没有影响到这一区),且必须考虑融化盆下部融化产生的塑性多年冻土区变形。这一结论是基于在多年冻土区上的结构物施工和使用过程中应用预先融化和压实技术,被融化土体区的密实和融化沉降量可能会降低。塑性冻土区的沉降只有在结构物使用过程中产生。因此,在设计中预测和计算的必要性是显而易见的。

与采用冻结法支护形成的人工冻结土冰混合体退化相关的土体融化变形预测属于上述情况的一个特例,地铁站出入口倾斜隧道冻结法垂向基坑支护和环绕倾斜隧道的土冰混合圆柱体就属于这种情况。我们发现,大多数圣彼得堡地铁一号线的站点的出入口倾斜隧道都是采用预先冻结方法进行基坑支护施工的,这种方法先前十分流行。这些土冰混合体冻结墙的厚度达几米,可以省略内撑加固。至于倾斜地铁出入口通道,在圣彼得堡都是采用冻结法施工的。土冰圆柱形墙体厚度达 2~3m。

在地下设施施工结束后,土冰支撑在周边环境正温作用下融化,导致支撑退化产生变形。临近的结构物遭受了后来长期的变形发展期。对倾斜隧道土冰加固体退化产生的地面变形的计算评价遇到了非同一般的困难。这些变形可达几十厘米,这促进了适合城市条件的计算分析方法的研究。

Сильвестров С. Н 在 1964 年提出由融化和压实导致的排水容积与冰土围护容积变化相等的假设作为计算分析方法的基础。研发的技术方法经过一系列实验数据校正,成果在 1973 年出版成为教材,1992 年 Галургия 全苏科学研究院(ВНИИ Галургии)在此基础上编制了计算机计算程序。倾斜通道地表沉降等值线图是计算结果,这样便有了有关预测地表面沉降量的数据,据此可对位于沉降影响区的建筑物采取预先保护措施。

但是必须指出的是,教材使用的方法具有一系列不足,如忽略了土体实际的物理力学特性,"零"点和角度的任意分配限制了沉降曲线的形状以及一维条件下获得的解冻土体的特性扩展到空间问题等。总体而言,该方法是按评估煤矿开采影响的方法构建的,变形分布与地铁相比差别很大。而且该方法仅仅考虑了开挖地表面沉降变形,而忽略了实际存在的结构构造和建筑物的刚度因素。

鉴于上述原因,在 20 世纪 90 年代初,研究人员用数值方法代替了解决这些问题的计算分析方法,用于解决上述问题的数值模型的推演将在本书第 2 章中详细介绍。

综上所述,我们注意到,即使是一维情况下对土体"冻融"的应力-应变状态分析计算也很困难。对于二维和三维情况,尤其是在联合计算"冻结(融化)地基-构筑物"系统时,使用数值方法成为必然。

第 1 章
土体冻结引起的结构物变形

1.1 单面冻结时法向冻胀力作用引起的变形

"单面冻结"是指热流的单向性。在文献中,传统上是在冬季开始、土体的水平表面受到冻结时,考虑垂直冻结情况。

当支撑结构物下部的部分地基土体冻结时,最终会承受法向冻胀力作用。在先前建设的地基以及未运营建筑物的地基季节性冻结情况下,冻结深度很少会超过几十厘米。类似的例子是众所周知的,并且在文献中多有描述,冻结深度达到几米的情况很少见。例如,在工业冷库地基因长期经受人工冻结会出现这种情况。下面详细叙述作者在实际工程所遇类似案例。这些案例十分有趣,因为在详细研究的过程中,获得了冻结深度、表征冻结和融化过程土体特性以及与地基温度分布等方面有关的综合数据。对一些案例进行了数值模型分析,其分析结果见第 5 章,这也是本书的基本内容。需要补充的是,对这些案例的研究成果,除了 Сахаров И. И. 等人在 2002 出版的专著外,几乎没有发表过。

1.1.1 位于圣彼得堡 Днепропетровская 街的冷库建筑物

该建筑物建成于十月革命前,自建成就用作冷库,使用期间进行了多次改建。20 世纪 50 年代,在建筑物内部修建了整体浇筑式钢筋混凝土支撑框架,并保留了内部和外部砖墙,直到 20 世纪 80 年代末,第一层冷室的室内温度一直不超过 $-2℃$。自 1987 年以来,所有冷室的温度都下降至 $-10℃$(实际上室温是 $-12℃$)。

根据结构方案,该建筑为两层楼,框架不完整,外墙为自支撑结构。楼顶板为厚度为 $0.2m$ 的扁平连续混凝土板,直接放置在浇筑的混凝土柱上,柱顶与板连接。这些楼板沿着无边框楼板的外轮廓悬挑在柱顶外侧。柱的分布网格约为正方形,间距为 $5.1m$ 和 $5.3m$,一楼的柱横截面尺寸为 $0.4m \times 0.4m$;二楼为 $0.35m \times 0.35m$。

墙的基础是埋深 3m 的毛石条形基础,柱的基础是深度 0.9m 的钢筋混凝土基础。

场地的工程地质条件为:自地面表层起是厚度为 $2m$ 的粉砂层,下部为厚度 $1m$ 的亚砂土,再向下是厚度 $5m$ 的带状亚黏土,其下是冰碛层。亚砂土和亚黏土的变形模量分别为 $0.8MPa$ 和 $2.8MPa$,均具高压缩性。

根据 2001 年的研究结果,在框架的墙和多个柱上发现许多贯穿裂缝。在钢筋混凝土结构中,横向裂缝产生于第一层的边缘柱中,其开口达到 5mm,如图 1.1 所示。边柱向中心倾斜,如图 1.2 所示。分析裂缝性质表明,地基土体不均匀冻结导致建筑物中心部分相对于周边外围区域上升过高。

图 1.1　第一层的柱上部横向裂缝开口达 5mm　　　图 1.2　边柱向建筑物中央倾斜和裂缝

根据工程勘测,最外部的柱子上升达 7cm,平均上升 18cm。上升的相对倾斜度为 0.005,这比钢筋混凝土框架多层建筑物的最大允许值高出了 5 倍。

为了确定地基土体的冻结深度和特性,研究人员在建筑物内部打了 5 个钻孔。钻孔的总深度略大于 20m。随后在钻孔内进行了温度测量。根据测量结果,发现土体冻结深度从外墙附近的 2.5m 到建筑物中心部分的 5.9m 不等。在获得了冻结层沿深度和厚度的温度分布值后,研究人员可以结合水准测量数据,解析计算出土体的冻胀系数值。计算结果显示平均值为 0.036,即土体属于中等冻胀土。

1.1.2　位于圣彼得堡 Невельской 街的冷库建筑物

该冷库建筑物建成于 20 世纪 60 年代,底层设计温度为 0℃。到 20 世纪 70 年代初,在安装了地板电加热装置后(译者注:安装电加热装置的目的是阻止负温向地基传递),第一层的室内温度达到了 -18℃。由于钢制载流条上沥青清漆的隔热寿命很短,因此电加热装置安装后不久就失效了。

根据结构设计图,该建筑为内、外墙支撑的不完整框架两层楼。楼顶板为支撑在 T 形截面横梁上的预制钢筋肋板。横梁铰接在预制柱上。柱子的分布网格为正方形,间距为 6m × 6m;一层的柱子横截面尺寸为 0.4m × 0.4m,二层为 0.3m × 0.3m。

墙的基础是埋深 2m 的毛石条形基础,柱的基础是深度 1.3m 的钢筋混凝土基础。

场地的工程地质条件为:表层是厚度为 2.7~3.3m 的杂填土层,下部为含有植物残余物的厚 7m 的亚砂土和冰碛土层。亚砂土和冰碛土的变形模量分别为 10MPa 和 16MPa,具有中等压缩性。

根据 2002 年的调查结果,在墙上有宽度为 5~30mm 的贯穿裂缝。在柱连接处附近的横梁上有宽达 30mm 的裂缝,如图 1.3 所示。

在承重砖墙上发现宽度达 15mm 的裂缝,如图 1.4 所示。其中,宽度达 30mm 的裂缝要求进行墙体加固,如图 1.5 所示。

裂缝特征分析表明,地基土体不均匀冻结导致建筑物中心部分相对于周边外围区域上升过高。在进行研究前,水准测量(在现场放置58个观测点来跟踪变形的动态变化)结果表明,外侧承重墙几乎没有上升,而建筑物中心的立柱上升约23cm。建筑物各个部分的高程相对不均匀度为0.034~0.045,这比带有钢筋混凝土框架的多层建筑物的最大允许值高出10倍以上。

图1.3　横梁上宽达30mm的裂缝

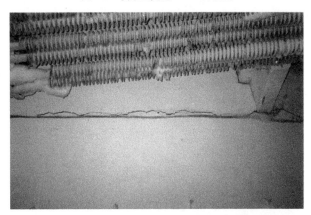

图1.4　承重砖墙上15mm的裂缝

图1.5　建筑物端墙的金属捆扎加固

为了确定地基土体的冻结深度,研究人员共打了3个钻孔,钻孔深度超过15m。成孔后不立刻下套管,在2～3h后测量孔内温度。根据测量结果,土体冻结深度从外墙附近的3.8m到中心部分的6.8m不等。在获得了冻结层沿深度和厚度的温度分布值后,研究人员可以结合水准测量数据,解析计算出土体的冻胀系数值。计算结果显示平均值为0.04,即土体属于中等冻胀土。

本书在第5.11节给出了冷库运行期间中间和外部柱基础抬升发展趋势方面的地基土温度场分布数值评价结果。

总结上述两个案例,可以发现有些情况的相似性和它们之间的重大差异。地基土冻胀、冻结深度以及结构抬升的不均匀性在两个案例中是相似的。位于天然地基上的基础结构也属同一类型。按结构对比,基础以上构造是有区别的:案例一的建筑物框架没有被剪断,案例二的墙、柱上铰接梁被剪断。同时,在案例一中,几乎没有发现墙体损坏,因为框架实际上是独立起作用。在案例二中,起支撑作用的墙体严重受损,需要加固。因此,可以认为案例一的结构更安全。

在冷库使用实践中,最夸张的地面抬升最大隆起达85cm。在Бикин市,1951年交付使用了一个一层45m×25m(的)5个冷冻室的冷库,如图1.6所示。冷库各冷冻室的温度为K-5:0℃,K-1、K-2、K-3:13℃和K-4:18℃。

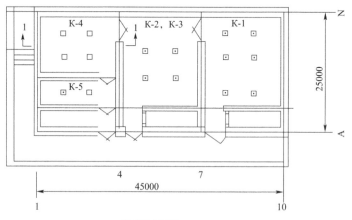

a)建筑物平面图

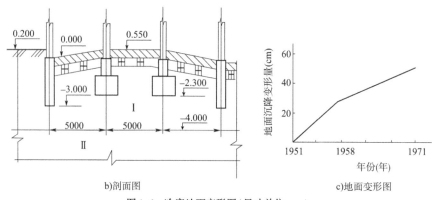

b)剖面图　　　　　c)地面变形图

图1.6　冷库地面变形图(尺寸单位:mm)

注:K-1、K-2、K-3、K-4、K-5——冷库各冷室编号;Ⅰ-亚黏土;Ⅱ-含砾砂土。

第1章 土体冻结引起的结构物变形

1958年前,地板的各层组成为沥青:2cm;混凝土:5cm;矿渣:50cm;钢筋混凝土板:5cm;砖砌通风沟:32cm;混凝土找平层:10cm;总地板厚度105cm,作用在地基上的压力为17kPa。

按设计,地板加热由14℃空气通风进入砖砌通风沟循环实施,但实际上地板从未被加热过。

地基土中,深度为0~3m的是软塑亚黏土,3~4.5m的是轻质塑性亚砂土,下层是含砾石(最多10%)粉质饱和砂土。地下水位紧邻沟渠的下方。

对Бикин市冷库的案例,作者曾进行了数值分析,详见本书5.10节。

在冷库地基冻结时,上述讨论的结构大位移对于位于细粒土上的浅基础是很常见的。但是,作者也遇到了桩基础冷库的案例。建成于20世纪60年代的圣彼得堡海港第二区的冷库,其地上结构变形就是一个例子。这个4层楼的冷库是浇筑式钢筋混凝土框架,其基础为桩基础。打入桩的截面尺寸为30cm×30cm,桩长为5m,承台底面距桩头3m。桩尖打入细砂土中,承台和其上部桩体位于强冻胀亚砂土中。

根据档案资料,第一层的个别冷室最低温度为-2℃,但实际温度都不高于-19℃。研究人员曾提出用于加热地板或地下通风设备的设计解决方案,但是,这些措施并未实施。

在2010年的勘测中,楼房正面沉降倾斜度为0.0033~0.0059,这明显超出容许值。柱上部最大倾斜为215mm,各楼层楼板贯通裂缝宽度都超过3mm。在外围柱体上,在与楼板连接处发现断裂。因此,即使是桩基础上的高强度整体浇筑框架结构也不能阻止结构的极端不均匀位移及其破坏。

1.2 多面冻结法向冻胀力引起的变形

在工程实践中,多面冻结是非常普遍的现象。二维冻结是挡土墙、基坑围护、码头和其他结构的特征。在轴对称解范围内可以考虑冻结圆柱周围土体冻结(如人工冻结,以及围绕着季节文化用作制冷装置的热棒)。在计算(冻结法)倾斜地铁出入口的冰土混合圆柱体变形时,冻结(过程)的求解,是在三维空间下进行的。冻土地基上的大坝坝芯稳定性和在厚的多年冻土上深基坑围护结构的稳定性等一些情况的求解要求考虑空间问题。

多面冻结时,在地基-结构物系统中,应力-应变状态的确定是一个复杂问题。可以发现:即使在单面冻结的情况下,岩体的应力-应变状态相对于变形也是一维的,而相对于应力却不是这样。这是由于在冻结土体中通常不仅会产生垂直于冻结面的变形,而且还可能产生平行于它的变形。当半无限空间岩体中的水平位移被限制时,则在垂直冻结期间会产生水平应力。这种鲜为人知的现象通常称为"方向隆起"(Полянкин Г. Н,1982年;Сахаров И. И,1995年)。冻胀各向异性系数是其量化评价指标,用符号Ψ表示。

2013年,Парамонов М. В(译者注:本书第三作者)在论文里首次叙述了冻胀各向异性系数与土体粒度成分、湿度及负温值的关系系统研究成果。在非单向冻结时,这个系数接近于1,有时也大于1。它对冻结土体的应力-应变状态产生实质影响。

图1.7、图1.8给出了亚黏土的冻胀各向异性系数与各影响因素的关系。

以下是从作者工作所在单位的实践中引用的非单向冻结作用的一些案例。

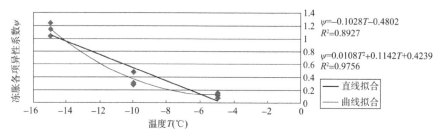

图1.7 亚黏土冻胀各向异性系数与温度的关系

注：R代表相关系数，下同。

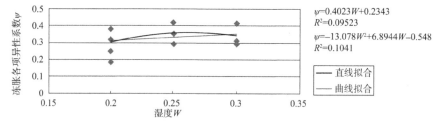

图1.8 亚黏土冻胀各向异性系数与湿度的关系

1.2.1 圣彼得堡马林斯基剧院第二舞台建设的基坑

2007年12月初，平面尺寸为44m×13m和深度为10.3m的基坑全部开挖。基坑壁由AU 18 ARCELOR 槽型钢板桩支护。内撑系统是一个三层水平内撑构成，深度分别为1.3m、4.3m和7.3m。基坑监测程序包括测量板桩后面土体在不同距离处的位移以及评估各个内撑的作用力。

土体上部为1.5m厚的回填土、粉砂（厚度2.7~4.5m）、流塑亚黏土（厚度约5.5m），塑态亚砂土（厚度约4m），下部是冰碛亚黏土。另外，流塑亚黏土是超级强冻胀性土。

在温度急剧下降至−13.7℃时，内撑结构内产生了附加力，下层内撑达到76kN/m，如图1.9所示（Мельников А. В、Васенин В. А，2010年）。作用在支架上的水平冻胀压力大约25kPa。如图1.10所示，水平冻胀的影响波及距基坑围护结构大于15m的位置。

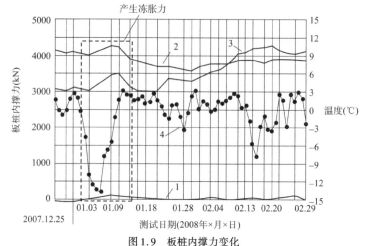

图1.9 板桩内撑力变化

1-第一道内撑；2-第二道内撑；3-第三道内撑；4-气温

第1章 土体冻结引起的结构物变形

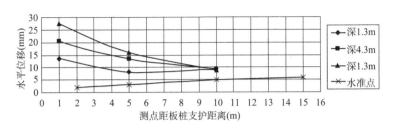

图1.10 钢板桩后土体在不同深度条件下的水平位移

1.2.2 圣彼得堡 Купчино 区的基坑

位于圣彼得堡 Решетников 街钢板桩支护基坑开挖于2005年夏天完成,随后施工便中断了。该基坑从地表至坑底整个深度中都是黏土。

在冬季时段,曾测得无论是围护结构体,还是基坑坑底都受到冻胀作用而产生了大的变形。冻胀力使得围护结构产生水平位移,导致部分锚杆损坏,如图1.11所示。

图1.11 冻胀力导致的基坑围护结构锚杆损坏

因此,多维冻结和相应的冻胀导致巨大变形,在一些情况下可导致结构损坏。基坑支护和其相邻土体应力-应变状态的数值评价见本书5.12节。

1.3 冻胀剪切力作用引起的变形

土体冻结开始后,冻胀的切向力迅速作用于结构的地下部分。如果冻结面随着冻结降低到基础底面以下,对应力-应变状态的基本贡献是法向冻胀力,而剪切力退居次位。如果结构的支撑部分埋深低于冻结深度,则承受冻胀剪切力作用。

冻胀剪切力对结构物产生负面作用的案例在文献中多有描述。轻型结构,如门廊、围栏及户外配电设备等,尤其容易受到冻胀剪切力作用而产生变形。

图1.12所示为雅库茨克多层居民楼门廊的桩基础隆起照片。

图1.13、图1.14分别给出了本书作者负责的一个户外配电设备在冻胀剪切力作用下的桩基础变形情况及相对位移图。

图 1.12　冻胀剪切力引起门廊桩隆起　　　　图 1.13　在冻胀剪切力作用下柱基础变形情况

不均匀变形导致的纵向钢架破坏,如图 1.15 所示。

图 1.14　相对位移图　　　　　　　　　图 1.15　不均匀变形导致的纵向钢架破坏

基础底面埋置在冻结深度以下的户外配电柜的柱式基础每年都承受冻胀隆起和融化沉降交替变化,致使承受地上荷载大的柱比承受荷载小的柱产生更大的沉降和地上结构的倾斜。

户外配电柜支柱(桩)产生隆起是由于它们穿透到冻结深度以下的长度很小(支柱地下部分的长度为 2m)。如果桩埋深度更大,在冻结时则可能出现不同的情况。如果桩没有荷载且不是很长,同时地基土不具备很高的强度,那么,桩将被拔出。这种情况在本书第 5.18 节中进行了数值模拟。

类似的情况发生在 ЯНАО 的一个镇的学校建设中(Сахаров И. И 和 Парамонов М. В,2012 年)。在该案例中,打入的 10m 长桩基础在整个冬季没有承受荷载。根据冻胀力的作用,研究人员对桩的稳定性进行了计算,分析评价结果表明,建筑物北部和东部部分的桩基础不可避免地遭受了冻胀隆起。同时,由于桩的向上垂直位移,桩端下方会形成空隙,这将导致桩的承载能力降低。在使用阶段,空隙的存在与融化期间产生的桩侧负摩擦力相结合,会导致产生巨大的不均匀沉降变形,从而引发建筑物钢结构框架的破坏。以上数值描述的情况在本书第 5.1 节中有详细分析。

应当指出的是,在将轻荷载桩打入坚固土体中的过程中,实际上会发生桩断裂的情况(Костерин Э. В,1984 年)。1995 年,Сахаров И. И 对类似情况进行了数值分析。

第 2 章
土体融化时结构物变形

2.1 季节性土体融化引起的变形

在建筑工程中,地基土遭受冻结并不罕见,这可以发生在基坑开挖之后。在基础施工之前地基土发生冻结,接下来基础支撑在冻结的地基土体上。对于大面积的基坑,通常仅冻结其中的一部分,如在靠近入口的坡道处。当年中温暖的季节到来,冻结的土体开始融化,沉降随之发生。

如图2.1所示,为圣彼得堡北区的一个5层砖混凝土建筑物的基础垫层下,地基土融化时导致的基础预制块悬空。地基土为亚黏土,被冻结0.5m深。某年6月,融化变形突然出现,导致墙体和基础产生宽达16mm的裂缝,引发基础预制块断裂,造成横梁悬空,分别如图2.2、图2.3所示。

图2.1 地基土融化导致基础预制块悬空

在气候更为恶劣的地区,在施工中断期间,地基土体冻结的深度可能会更大,达到几米。前面已经提到的ЯHAO学校就是一个典型案例。在背阴面的北侧墙下,其土体冻结深度超过5m。建筑物内部冻结深度超过1m。伴随融化变形,地板和部分桩基础的沉降达到

20cm,最终导致框架和隔墙损坏,如图2.4~图2.6所示。

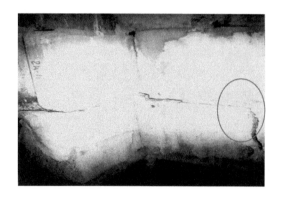

图2.2 地基融化导致基础预制块断裂

图2.3 地基融化导致横梁悬空

图2.4 地下室地面沉降

图2.5 隔墙变形

其中,部分桩基础的不均匀沉降导致学校建筑物框架损坏。图2.7~图2.9所示为不同位置的可见钢梁构件裂缝。

图2.6 桩基础露出

图2.7 下层圈梁裂缝

土体冻胀和融化过程对学校建筑物构件的影响数值分析,详见本书第5.13节。

因此,即使是相对不大的地基土冻结也会导致结构物裂缝产生,必须采取紧急措施来控制变形。在地基土冻结很深时,即使用足够长的桩基础也不能保证不出现变形。

图 2.8 梁和柱连接处裂缝

图 2.9 节点板处裂缝

2.2 人工冻结冰土结构退化产生的变形

人工冻结法支撑围护是通过冻结制造出一个坚固的、不透水的冰土围护结构,并在其保护下进行地下施工作业。在临近或新建建筑物的土体冻结时,如遇施工或人工冻结冰土结构退化,可能会导致邻近建筑物产生基础产生位移。位移值的大小基本上取决于冻结土的类型和湿度。例如,根据列宁格勒(现称圣彼得堡)地铁建设局的资料,某地铁入口大厅的冻结法立墙施工时观测到相邻建筑物隆起 30~50mm。在垂直向人工冻结冰土结构支护融化时,新建结构物有时产生的沉降量可达到 20cm。

1956 年,列宁格勒土木建筑学院(ЛИСИ)对人工冻结土融化沉降进行了系统研究,研究内容包括板式基础的地铁入口大厅沉降量和相应的冻结融化过程土体特性。地铁一号线地铁入口大厅施工结束后在 3~4 年,沉降量达到 27~40cm,其中融化沉降量占总沉降量的 45%。

低层的地铁入口大厅大沉降量的产生是由于它们几乎都坐落在变形模量不超过 1.6MPa 的带状黏土上。在冻结时,带状黏土经受大的冻胀变形(冻胀系数为 0.05~0.12),而在融化时,产生大的沉降变形($A=0.07$~0.12;$m_0=0.0019$~0.0025MPa^{-1})。

应当指出,地铁大厅为紧凑的刚性结构,与现有建筑物相距一定距离,因此它们的沉降对后者没有重大影响。倾斜的自动扶梯倾斜隧道周围融化的圆柱形冰土冻结体的沉降,才会对现有相邻建筑物造成更大的危险。

众所周知,圣彼得堡中部的土体以厚厚的一层薄弱高压缩性土为特征。这正是地铁隧道和站点要深埋于半固态和固态黏土层的原因。但是,深度较大的地铁站会使得连接车站和地面地铁大厅的倾斜自动扶梯隧道的长度变得相当长(达到 100m 或更长)。

围绕倾斜的自动扶梯隧道的圆柱形人工冰土冻结体融化时,地表面会遭受巨大的沉降,如图 2.10 所示。其中,沉降量最大处位于隧道轴心,影响范围横向达到 75m,沿倾斜轴线方向可达 150m。位于沉降范围内的建筑物将不可避免地遭受沉降。图 2.11 和图 2.12 所示是瓦西里岛地铁站紧邻倾斜隧道的几栋建筑物的沉降实例及曲线图。Звенигородская 地铁站紧邻倾斜隧道的建筑物变形如图 2.13 所示。

在圣彼得堡土质条件下倾斜隧道轴心上的最大沉降量可以超过 50cm(和平广场地铁站,52.7cm)。这种不均匀沉降导致的后果是结构物损坏,并且有时是灾难性的。如

Щербаков 街 17 号和 Филармония 的建筑物被部分拆除,涅瓦大街 27 号和 29 号的市杜马大楼严重受损,Средний 街的建筑也被迫进行了加固。许多房屋经受了半径为 8～12km 的弯曲变形,并形成了贯穿裂缝(如在 Гостиный Двор 的建筑物中,裂缝宽度最大为 20mm)。

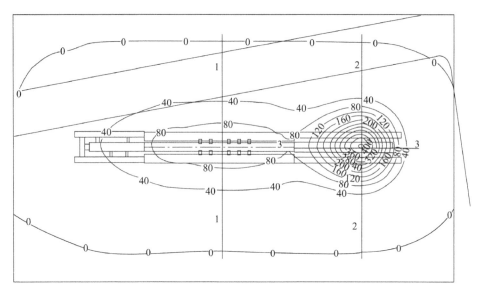

图 2.10　倾斜的自动扶梯隧道的圆柱形人工冰土冻结体融化地面沉降(尺寸单位:mm)

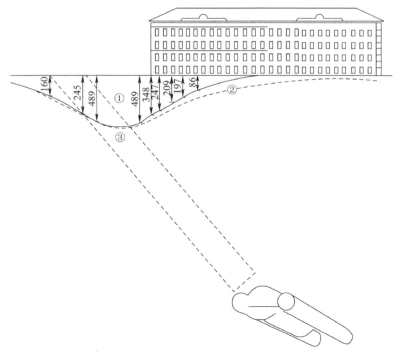

图 2.11　瓦西里岛地铁站 Среднему 街 35 号楼沉降(尺寸单位:mm)

第2章　土体融化时结构物变形

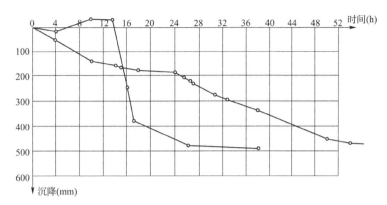

图 2.12　倾斜的自动扶梯隧道的圆柱形人工冰土冻结体融化沉降曲线图

图 2.13　临近地倾斜隧道建筑物变形

必须指出的是,这种极端巨大融化沉降量是坐落在具有大厚度软弱黏土的比较拥挤的市中心特有的。在带状黏土上产生这样的沉降量,首先与厚度达 20cm 的位于黏土与粉土之间的冰透镜体融化有关。如果倾斜隧道不穿过软弱黏土,而是直接通过砂土和亚砂土地层,那么地表融化沉降量就会显著减小,并不会对相邻结构物构成危险。

正如绪论中已经指出的那样,对地表面变形的分析评估无法考虑大多数重要因素。在前面已经提到的因素中,包括冰土圆柱体壁厚,这是先验未知的。对于这种情况,建议在数值上模拟考虑人工冻结和融化的整个周期的问题。本书在第 5.14 节中给出了解决此类问题的方法。

总体而言,可以得出结论:在实践中,地基土的冻融变形通常可以达到极高的值,对建筑物和结构造成灾难性后果是不罕见的。为此,重要的是能够预测这些变形,以便将其尽可能地最小化或排除,如果已无这种可能,应采取预防性加固措施。

2.3　与永冻土或者多年冻土地基融化有关的变形

自 20 世纪 30 年代初以来,在北部地区和西伯利亚地区开发期间,苏联建筑工作者就已经面对与结构物下的多年冻土融化发展研究相关的问题。在这之前,建造一层木结构房屋所获得的经验,往往是在其历史上经历了巨大沉降量的过程中得到的,是在建造石砌建筑中无法得到的。这可以通过以下事实来解释:许多由水平堆叠的原木制成的木结构房屋的基础被放置在活动层中,并在夏季融化期间逐渐沉降,如图2.14所示。同时,多年冻土的上限没有波动。

图2.14 木屋沉降

当永久冻土地区建造一座具有温暖地板的建筑物时,其基础(柱状或条状)的布置最初与正常情况下的布置方式相同,即略低于季节性融化的深度。因此,基础底面能够支撑在多年永冻土上。但是,研究人员很快便注意到以这种方式建造的建筑物发生了变形——由于冻胀剪切力作用隆起变形和融化土压缩而产生的沉降变形。如果基础的隆起高度明显超过了几厘米,那么在使用过程中沉降就会增加,甚至达到几十厘米,如图2.15所示。

图2.15 地基融化时多层建筑物变形

释放高热量的建筑物(如锅炉房、铸造厂等),通常会产生更大的融化沉降量。在这种高温冻土的情况下,特别是在欧洲北方的东部以及西伯利亚的南部地区,融化得到了最大程度的发展。此类案例在文献中有详尽的介绍(如Воркуте的机械车间、Чита的建造车间等)。

第2章 土体融化时结构物变形

这些情况下的最大融化深度超过了10m,这导致墙上裂纹的发展,其宽度达10~20cm。

类似的事故经验表明,如果融化土体不是低含冰土,无论是加大基础深埋深度(4m或大于4m),还是提高地上结构刚度,都不能预防结构发生不容许的变形和裂缝等。对基本建筑施工经验的归纳总结,使得有可能根据准则Ⅰ提出基础的建造方案,即使用通风的地下室吸收热量。建筑地下室和桩基结合应用季节性制冷装置(COY-热棒)可以防止地基土融化,如图2.16所示。

图2.16 热棒与通风地下室结合的建筑物

但是,需要指出的是,保护地基土处于冻结状态的许多案例没有成功。虽然采用了上述措施,但许多按准则Ⅰ设计的建筑物遭受了沉降变形。并且在个别情况下,融化速度可以达到每年几米。在桩基础情况下,融化可以导致产生桩侧负摩阻力,其附加荷载可以达到120kN(Сахаров И. И 和 Парамонов В. Н,2010年)。Torgashov V. V、Alekseeva I. P 也在2002年发表的论文中描述了20m长的桩上建筑物附加沉降的案例。

由于保持建筑物地基土处于冻结状态相对复杂,在一些情况下可以按准则Ⅱ设计。因此,必须对地上结构和融化地基联合作用给予特别重视。众所周知,对地上结构产生危害的不是绝对沉降量大小,而是相对沉降量差,这个差值可以借助各种措施调整。如按Далматов. Б. И1988年的研究,可以考虑外侧基础向建筑物中心靠近,并且设置局部加热设备,如图2.17所示。

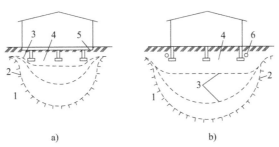

图2.17 建筑物下地基融化控制示意图
1-永冻土;2-永冻土层上限;3-在中间过渡状态的永冻土层上限;4-融化土;5-悬臂板;6-加热管

显然,通过上述措施可以使沉降相对均匀。但是,这种结构方案的计算保障要求空间解——温度、湿度和在建筑物-融化地基体系内的应力-应变状态解。显然,唯一的解决办法是数值分析法。

多年冻土融化问题对许多工业冷库是十分现实的。本书第1章中曾描述冷库地基冻结深度可达到6m的情况。如果其地基融化,则完全融化沉降量可能会超过0.5m,这对任何结构都是灾难性的。因此,土体的融化可以伴随注浆,以补偿地基的沉降。此外,融化模式求解(表面加热,深层融化)需要解决无法通过解析近似法求解的三维温度问题。在上述情况下以及在已久冻土融化控制的求解中,必须采用数值计算。本书第5.11节提供了解决此问题的方法。

第 3 章
在空间条件下分析土体冻结、冻胀及融化的有限元模型构建

3.1 湿热过程和应力-应变状态的图式化方法

正如前面部分所述,评价冻结过程中冻胀变形的问题是非常复杂的。在解决这个问题时,必须确定土体内温度场、流向冻结面的水量和相关的应力-应变状态。

下面简要分析一下实际作用因素以及可行的图示计算方法。

(1)当引起土体内水分冻结负温度场在土体中形成时,会发生土体冻胀。伴随着结晶热的释放,土体内形成了冰。纯水在0℃冻结,由液相变成固相。水体在0℃冻结是饱和粗粒土和中砂土体中的典型特征。对于所有其他含有结合水的土体,其冻结发生是在一定的温度区间内,最低可达零下若干度。因此,准确求解饱和黏性土结合水冻结的温度问题,就必须要考虑所谓的"负温度谱"中的相变热。

(2)水分向冻结面的迁移是在许多力的组合作用下发生的,其物理本质现在还尚不完全清楚。当计算向冻结面迁移的水量时,可以应用热力学方法。实际上,从现象学的角度来看,冻结过程中水分转移的方向是显而易见的。当在分散介质中产生温度梯度时,会产生主要效应——热流以及交叉效应,包括质量通量。可以按下式计算热结晶流的速度(Дерягин Б.В等,1989年):

$$q_s = \alpha_{\text{II}} \left[-(p_i - p_0) - \frac{\rho_s L (T_0 - T_i)}{T_0} \right] \tag{3.1}$$

式中:q_s——热结晶流的速度;

α_{II}——动能传递系数,取决于非冻结管路的流体动力阻力;

T_i、p_i——第i层土体的温度和静水压力;

p_0——体积(再冷却)内水压力;

T_0——融点;

ρ_s——冰密度;

L——相变热。

然而,由一系列孔隙和微裂隙构成的管道的几何形状在冷却和冻结的土体中是不断变化的。因此,迁移系数的值也将随之改变,成为热力学中许多力的函数。由此得出,不可逆

迁移的现象学方程将是非线性的。同时,用于评价迁移到冻结面水量不可逆过程的热力学模型,目前面临着几乎是不可克服的困难。

(3)土体冻结的应力-应变状态意味着通过一种或另一种模型来描述其行为。这种模型应该是最简单的,即线性弹性的。此外,该模型也可以是弹塑性库仑摩尔(Coulomb-More)模型,以及硬化土体的模型。乍一看,后者似乎是最自然的,因为当它冻结时土体的强度和变形特征将显著增加。

上述提及的过程和现象可能的图示方法如下。

在图示法的大多数情况下,温度场的确定(第1点)不能得到热物理问题解,应用简单的某一温度分布定律(通常为表面最低的三角形分布定律)分布。这样的图示法在冻结和冻胀的许多文献中是典型的(Полянкин Г.Н,1982年;Сахаров И.И,1995年)。显然,这种具有必要的附加条件的方法可以用来解决一维问题。在二维和三维问题的情况下,这种图示法是不可行的,必须借助于经典的导热系数问题解。

在某些情况下(密闭系统,地下水位埋深大),流向冻结结晶面(第2点)的水量作为第一近似值可不考虑。例如,Фадеев А.Б 在 1994 年使用的冻解土体原始变形模型,就是这种方法。本书作者获得了从早期阶段确定的垂直相对变形与负温值的实验性分段线性关系,基于初始变形方法建立了冻胀问题的数值解。

变形关系曲线包含三段(Фадеев А.Б,1994年),其界限点由初始压缩温度 T_c 值和冻胀终结温度 $T_к$ 值确定。在 1994 年、1995 年的文献中,提出了基本变形曲线的变形系数 α_i 以及冻结时土体力学指标的强度系数的确定方法。考虑到冻胀各向异性系数 Ψ,对于轴对称问题曾获得了冻胀各向异性系数相关的垂直应力和切向应力表达式。

冻结和冻胀的过程计算方法被纳入有限元计算程序"FREEZE"中。该方法的缺陷是忽略了上面提到的湿度变化的影响,以及采用了温度问题的简化解决方案,这会将程序限制在封闭系统级别中。另外,"FREEZE"程序不能解决空间问题。

当实际存在流向冻结面的水分迁移时,忽略这些水流对冻胀变形的影响是不可能的。这样的计算没有放弃变形指标,而是忽略了湿度指标。因此,鉴于先前提及的从热动力学角度水分积累理论计算的困难性,建议根据其他考虑因素(如基于现有的实验数据)确定迁移的水流数量。

Сахаров.И.И 在 1995 年提出了一个模型,该模型描述了在热-力荷载下土体的行为(第3点),其中考虑了温度硬化。该模型按第一近似原则通过下面的线性相关式来建立土体的力学特性:

$$A(T) = A_0(1 + K_i T)$$

式中:A_0——融化状态力学特性(解冻系数);

K_i——硬化指数;

T——在计算时刻有限单元平均负温绝对值。

此外对于广义问题,简化的线性弹性模型是很有效的。但是,在评价冻结强度、冻结土体连续性的断裂区等问题时,则无法使用。

与冻结相比,由于从冻结土体到解冻土体的过渡区域界限清晰(对于非盐渍土体),融化问题的复杂性略低。但是,对于渗透性差的土体,通常需要考虑冰融化形成的水压力,即考

第3章 在空间条件下分析土体冻结、冻胀及融化的有限元模型构建

虑融化过程中的固结。鉴于上述原因,以及考虑到位于大深度、复杂形状的土体融化(如当考虑倾斜的地铁隧道周围的冰土圆柱体的融化时),使得一些融化问题求解也非常耗时。

地下倾斜隧道的冰土圆柱体融化问题的一种图示解法如下。变形被认为是平坦的,并且是有限的(稳定的)。其求解方法是基于使用特征 A 和 m_0 土体按照弹性特征的"初始变形"方法。为了获得空间解,有必要考虑几个平坦的断面(Сахаров И. И, 1995 年)。一种类似方法是能够得到与实际观测接近的地面沉降变形轮廓。同时,精确解应预先考虑在空间环境下求解,并与其先前求解的冻结问题相结合。

3.2 求解非平稳热物理问题的有限元方程组

近年来,市场上出现了大量的计算机程序来进行热物理计算。有的通用程序可以进行各种热物理工程求解,如确定温度场、梯度以及建筑结构中的热通量(COSMOS/M,ADINAT,ANSYS,NASTRAN,LS-DYNA,STAR-CD)等。这些软件包主要用于计算三维各向同性和正交各向异性固体。它们可以通过以下边界和初始条件下来模拟计算线性和非线性公式中的静态和瞬态过程:温度、热通量、通过对流的热交换以及具有体积热释放的辐射。在上述程序的帮助下,解决岩土工程中的热物理问题时,研究人员在计算中引入了许多试图获得温度场分布真实特性的人为技术。例如,考虑到土体内水分的相变计算,尽管相变可以在较低温度下发生,土体热容量的特殊函数所设置在较窄的负温度范围内($0 \sim -2℃$)。

在平面和轴对称温度场分布的岩土工程研究中,最著名的是加拿大 GEO-SLOPE 软件包的 TEMP/W 程序模块(Software TEMP/W Version 5.01,1995—2003 年)。该模块可以考虑导热系数、热容量、未冻结水的含量、相变的热量以及边界条件的变化。但在确定温度场时,未考虑水向冻结面的迁移。

在俄罗斯,基础设计研究院的 Минкин. М. А 等人通过求解三维土中水分相变的非稳态热传导方程的数值(有限差分)方法,进行永冻土土体温度状态的预测,编制了加盟共和国建筑规范 PCH 67—87(1987 年)。计算中未考虑土体中对流和辐射传热的水分的迁移情况。

俄罗斯国家科学院冻土研究所 Фельдман. Г. М 等人在 1988 年开发了一套软件包,用于计算雅库特永久冻土条件下土体的温度状况。该软件采用具有移动上边界的半无限非均匀(多层)域求解的一维 Stefan 问题作为数学模型,寻求在多相介质中温度场的动力以及具有相同相位(解冻和冻结土体)区域边界(相位前沿)移动速度的求解。该模型没有考虑雪中相变,且假设相变的特性与温度无关,但结果表明相变确是时间的函数。

俄罗斯交通建设研究院(ЦНИИС)的 Цернант А. А 和 Пассек В. В 在 2002 年编制了可以进行铁路及地基三维温度场计算的通用程序。在西伯利亚交通建设分院、国立莫斯科交通大学也有类似的程序。但这些方法的预测,均没有考虑水分向冻结面迁移。

国立莫斯科大学的 Кудрявцев В. А、Меламед В. Т 及 Хрусталев Л. Н 等人在 2003 年完成了多年冻土温度规律数学建模,并对所有多年冻土分布地区进行了气候变暖负面地质后果预测。

为了求解冻胀和融化问题,许多求解程序仅在特定的假设和前提条件下进行,而与热物理问题无关。

托木斯克国立土木建筑大学(ТГАСУ)的 Дубина М. М 和 Тесленко Д. К 在 2003 年开发

了一套程序,该程序考虑了孔隙水在冻结温度范围内的相变,从而计算了"建筑物-地基"系统的非稳态三维热力学行为。建筑物的力学行为通过板杆系统的弹性脆性行为模型来描述。该模型假定土体的热物理和机械特性取决于土体的温度,并通过孔隙中未冻结的水量计算得出,但实施的模型未考虑水分冻结面的迁移。

基于对现有冻结和融化土体数值模型的上述分析,Шашкин К.Г 在 2000 年开发了数学模型"Termoground",该模型可以根据已建立的温度和湿度场分析冻结、冻胀和融化的过程。Termoground 程序模块的运行在总的"FEMmodels"中实现。

Фадеев А.Б 等在 1987 年在三维土体空间中热工况的热导方程描述了冻结-融化过程,方程如下:

$$C_{\text{th(f)}} \rho_\text{d} \frac{\partial T}{\partial t} = \lambda_{\text{th(f)}} \left(\frac{\partial^2 T}{\partial x^2} + \frac{\partial^2 T}{\partial y^2} + \frac{\partial^2 T}{\partial z^2} \right) + q_\text{V} \tag{3.2}$$

式中:$C_{\text{th(f)}}$——土体比热容(融化的或者冻结的);

ρ_d——干土密度;

T——温度;

t——时间;

$\lambda_{\text{th(f)}}$——土体热导率(融化的或者冻结的);

x、y、z——坐标;

q_V——内部热源功率。

式(3.2)使我们能够从土体的初始体积确定流入和流出的流量值,而留下的土体体积的基本流量在某个时间点等于热循环值的变化量。

在确定条件下,土体从初始体积流入和流出的流量在任何时候都是相同的。在这种情况下,式(3.2)的左侧简化,可用下式表示:

$$\lambda \left(\frac{\partial^2 T}{\partial x^2} + \frac{\partial^2 T}{\partial y^2} + \frac{\partial^2 T}{\partial z^2} \right) + q_\text{V} = 0 \tag{3.3}$$

热容函数由两部分组成。第一部分是土体的体积热容(解冻或冻结),第二部分是负温度范围内相变的潜热,由于地下水体相变而被土体吸收或释放,由下式表示:

$$\sum C_{\text{th(f)}} = C_{\text{th(f)}} + L_0 \frac{\partial W_\text{W}}{\partial T} \tag{3.4}$$

式中:L_0——水变冰的相变热,为 79760 kcal/m³;

W_W——冻土中未冻结水的含水率。

体积热容 $C_{\text{th(f)}}$ 是在冻结和融化区热流曲线的斜率,如图 3.1 所示。其中,$L_0 \frac{\partial W_\text{W}}{\partial T}$ 是被加项,是表示由于地下水相变化而被土体吸收或释放的负温度范围内相变潜热成分变化的指标。

当确定了土体中未冻结水含量的函数后,未冻结水的总含水量可以表示为:

$$W_\text{W} = K_\text{W} W_\text{p} \tag{3.5}$$

式中:W_p——塑限;

K_W——在冻结黏性土中未冻结水含量系数,取值依据《多年冻土地基与基础设计规范》(СНиП 2.02.04—88)。

第3章 在空间条件下分析土体冻结、冻胀及融化的有限元模型构建

将式(3.4)代入式(3.2),可以得到完整的微分方程:

$$\rho_d \left[C_{th(f)} + L_0 \frac{\partial W_w}{\partial T} \right] \frac{\partial T}{\partial t} = \lambda_{th(f)} \left(\frac{\partial^2 T}{\partial x^2} + \frac{\partial^2 T}{\partial y^2} + \frac{\partial^2 T}{\partial z^2} \right) + q_V \quad (3.6)$$

式(3.6)可以考虑由于地下水相态变化,在负温度范围内土体吸收或释放的相变潜热分量的变化。

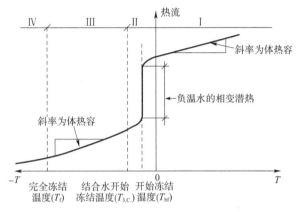

图3.1 冻结和融化过程中土体热流函数

式(3.2)和式(3.4)的初始条件是在时间 $t = t_0$ 时,研究区域内土体的 $T(x,y,z)$ 温度场的设定值,如图3.2所示。

边界条件有如下4种:

(1)如果已知土体表面温度 S,那么有:

$$T = T_0(S, t) \quad (3.7)$$

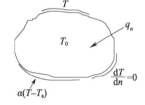

图3.2 热导性问题边界条件

(2)如果在区域 S_q 内指定了热流,那么有:

$$\lambda = \left(\frac{\partial T}{\partial n} \right) + q_n = 0 \quad (3.8)$$

式中:n——表面的法线方向的向量;

q_n——热流密度,如果土体失热,则视为正值。

热流源可以是供热管、埋在地下的水管或电源或通信电缆。在每种情况下,与周围土体的尺寸相比,管道或电缆的横截面面积都较小。

(3)如果在土体 S_α 的表面上发生对流热交换,则有:

$$\lambda \left(\frac{\partial T}{\partial n} \right) + \alpha (T - T_a) = 0 \quad (3.9)$$

式中:α——传热系数;

T_a——环境温度。

(4)如果在研究区域的边界上给出了热流,则有:

$$\lambda = \left(\frac{\partial T}{\partial n} \right) = 0 \quad (3.10)$$

在边界表面的同一地段上不会同时出现热通量 q_n 和对流热损失。如果由于对流而产生热量损失,则不会因热流而导致热量散失或流入,反之亦然。

Меченкова В. П 在1989年、Фадеев А. Б 在1987年提出,可以通过将满足问题边界条件

的一组函数中的对应函数最小化来获得热传导问题的有限元方程组。从变化的角度来看，具有第1、2、3和4类边界条件的式(3.2)或式(3.7)的解等效于找到函数的最小值。

$$\chi = \frac{1}{2}\int_V \lambda_{\text{th}(f)}\left[\left(\frac{\partial T}{\partial x}\right)^2 + \left(\frac{\partial T}{\partial y}\right)^2 + \left(\frac{\partial T}{\partial z}\right)^2 - 2\left(q_v - C_{\text{th}(f)}\frac{\partial T}{\partial t}\right)T\right]dV +$$

$$\int_{S_q} q_n T dS + \int_{S_\alpha} \alpha\left(\frac{1}{2}T - T_\infty\right)T dS \tag{3.11}$$

可以推导出以矩阵形式写成的常微分方程组如下：

$$C_{\text{th}(f)}\frac{\partial \boldsymbol{T}}{\partial t} + \boldsymbol{\lambda}_{\text{th}(f)}\boldsymbol{T} + \boldsymbol{F}_k = 0 \tag{3.12}$$

式中：$C_{\text{th}(f)}$——冻结和融化状态土体的热容矩阵；

$\quad\quad\boldsymbol{T}$——节点温度向量；

$\quad\quad t$——时间；

$\quad\quad \boldsymbol{\lambda}_{\text{th}(f)}$——冻结和融化状态土体的热导矩阵；

$\quad\quad \boldsymbol{F}_k$——方程求解系统的向量。

未知的温度函数 T 在单元中以及在所考虑的整个区域中时间 t 通过形式为 $N(x,y,z)$ 的函数近似求解：

$$T = \sum_{i=1}^n \{N(x,y,z)\}_i^{\text{T}}\{T(t)\}_i = \boldsymbol{NT} \tag{3.13}$$

热容矩阵为：

$$\boldsymbol{C}_{\text{th}(f)} = \sum_{i=1}^n \boldsymbol{C}_{\text{th}^e(f)} = \sum_{i=1}^n \int_V^e C_{\text{th}(f)} \rho \boldsymbol{N}^{\text{T}}\boldsymbol{N} dV \tag{3.14}$$

热导矩阵为：

$$\boldsymbol{\lambda}_{\text{th}(f)} = \sum_{i=1}^n \boldsymbol{\lambda}_{\text{th}^e(f)} = \sum_{i=1}^n \int_V^e \lambda_{\text{th}(f)} \boldsymbol{B}^{\text{T}}\boldsymbol{B} dV + \int_{S_\alpha} \alpha \boldsymbol{N}^{\text{T}}\boldsymbol{N} dS \tag{3.15}$$

式中：$C_{\text{th}^e(f)}$——有限元热容矩阵；

$\quad\quad \lambda_{\text{th}^e(f)}$——有限元热导矩阵；

$\quad\quad \boldsymbol{N}$——有限元形状函数矩阵；

$\quad\quad \boldsymbol{B}$——按坐标的有限元形状函数矩阵；

$\quad\quad S_\alpha$——热交换表面面积；

$\quad\quad \alpha$——表面热传递系数。

节点热流向量为：

$$(\boldsymbol{F}_k)_i \sum \int_{S_\alpha} N_i(q_V - \alpha \cdot T_a)\partial S \tag{3.16}$$

式(3.11)的解可以通过有限差分图示法获得。最简单的是左侧有限差分：

$$\boldsymbol{C}\frac{T_n - T_{n-1}}{\Delta t} + \boldsymbol{R}T_n = 0 \tag{3.17}$$

式中：T_n——当前离散时间的温度；

$\quad\quad T_{n-1}$——前一个离散时间点的温度。

至此，可以最终得出一个有限元方程组：

第3章 在空间条件下分析土体冻结、冻胀及融化的有限元模型构建

$$(C + \Delta t R) T_n = C T_{n-1} \tag{3.18}$$

式(3.17)是自启动的,因为在时间 t_0 时刻温度场是已知的,并等于给定的温度场。

3.3 在求解热物理问题时水体相变的考虑

为了研究热工程求解问题,在 Termoground 软件模块中采用了 Цытович Н. А 和 Кроник Я. А(Tsytovich N. A, Kronik J. A, 1979 年; Цытович Н. А, 1973 年; Цытович Н. А, 1979 年; Кроник Я. А, 1982 年)提出的冻结、融化和冻土模型作为热物理过程数学模型的基础,该模型是基于负温度范围内的土体中水的相变平衡状态的准则,考虑力学和物理化学过程,物理力学状态和土体特性随温度和应力-应变状态变化而变化的特性,因此可以称为土体的冻结-融化热力学模型。

该模型可以考虑随土体温度变化的冻结-融化过程包含的热能变化。图 3.1 显示了土体介质内温度变化对应的能量变化描述的必要函数。函数的陡线段表示在土体冻结-融化开始区内由于地下水相变被土体吸收或者释放的潜在热量。冻结区向左、右的倾斜线段分别表示融化和冻土区的土体的体热容。

该模型包含对应温度区间的4个区,如图 3.3 所示。在这些区内,土体的热物理和热动力参数按确定的规律变化。

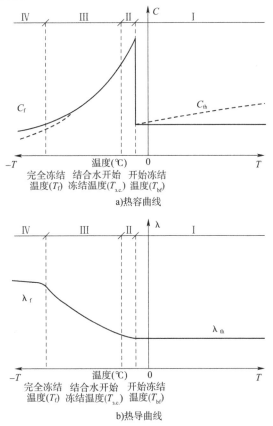

图 3.3 Кроник Я. А 热力学土体模型中热容和热导变化曲线

Ⅰ区为温度区间在 $T_{th}=0℃$ 至开始冻结温度 T_{bf} 的融化和过冷(低于 0℃)土体区,大孔隙中的自由水开始冻结。

Ⅱ区为自由孔隙水的冻结(融化)区(主要在大孔隙中)或者冻结(融化)土体内温度区间从 T_{bf} 至结合水开始冻结温度 T_{sc} 的最大相变区。对于盐渍土,该区的特征是从孔隙液体开始冻结的温度 $T_{bfп.p}$(相当于给定孔隙溶液平衡浓度的等效温度,$K_{п.p} = K_θ$)至纯淡水冰溶液完全冻结温度 $T_{в.л.п.p}$。例如,近海区域土体的孔隙溶液的 $T_{в.л.п.p}$ 为 $-8℃$。

Ⅲ区为孔隙结合水的冻结(融化)区域,或土体冻结(融化)区域,温度区间为从 T_{bf} 到完全冻结状态的温度 T_f(Цытович Н.А,1957年),当未冻结的水量非常接近强结合水的水量时,土体处于几乎完全冻结了松散的水分状态。

Ⅳ区为温度 T_f 或以下的已经冻结的土体区。

本模型与其他作者提出的焓模型的区别在于:在本模型中,土体冻结开始的温度 T_{bf}、结合水水分冻结开始温度 $T_{s.c.}$ 以及完全冻结状态的温度 T_f 都不是常数,而 Бучко Н.А、Плотников А.А、Плотников А.А 和 Кроник Я.А 等早前提出的模型认为 0℃ 和 $-0.3℃$ 的所有土体都是相等的常数。在一般情况下,这些温度变量取决于土体的类型、物理和力学特性、外部压力、环境温度 T_a 以及土体冻结(融化)的速度 $V_{f(th)}$。

$$V_{f(th)} = \frac{dT_{f(th)}}{dt} \tag{3.19}$$

冻融过程中的土体介质模型将热量从高温区域传递到较低区域,反之亦然,这取决于一年中的季节。对于融化的土体介质,在大多数工程计算中,可以假设热导率恒定而没有明显的变化。然而,对于冻土,导热率与未冻结的水含量显著相关,热导率也是温度的函数。土体的热导率在土体冻结时增加,在土体融化时减少。Termoground 程序模块热导率采用与温度变化相关的函数,如图 3.3b)所示。

Ⅰ区——融化土体,$T_{th} > T_{bf}$,热容和热导率采用恒定值 C_{th} 和 λ_{th}。如果需要研究大区间的温度变化,可以通过实验确定 C_{th} 和 λ_{bf} 与温度的函数关系式。在缺乏实验数据的情况下,典型土体的 C_{th} 和 λ_{bf} 的计算值可以通过参照《多年冻土地基与基础设计规范》(СНиП 2.02.04—88)近似取值。

Ⅱ区——土体自由水的冻结(融化),采用随土体($T_{bf} \leq T = T_{th} \leq T_{з.c.}$)温度 T_{th} 相关变化的 $C_Ⅱ$ 和 $\lambda_Ⅱ$。

$$C_Ⅱ = C_{эф}(T) + C_{фаз} = C_{th} - \frac{(C_{th} - C_f)(T_{bf} - T_{th})}{T_{bf} - T_f} + \frac{L_0 \rho_d (W - W_W)}{T_{bf} - T_{з.c.}} \tag{3.20}$$

式中:$C_{эф}(T)$——有效热容;

$C_{фаз}$——相变热容;

W——土体总含水率;

W_W——冻土中未冻结水的含水率。

$$\lambda_Ⅱ = \lambda(T) = \lambda_{th} - \frac{(\lambda_{th} - \lambda_f)(T_{bf} - T_{th})}{T_{bf} - T_f} \tag{3.21}$$

第3章 在空间条件下分析土体冻结、冻胀及融化的有限元模型构建

此时,λ_f 及 λ_{th} 可以等于或小于1个单位,这适合于含水率低和过于密实的土体(Цытович H. A 等,1979 年)。

Ⅲ区——土体结合水的冻结(融化)($T_{\text{з.с.}} \leqslant T = T_{th} \leqslant T_f$),$C_Ⅲ$ 和 $\lambda_Ⅲ$ 按以下公式确定:

$$C_Ⅲ = C_{\text{эф}}(T) = C_{th}(T) + C_{\text{фаз}} = C_f + \frac{(C_{th} - C_f)(T_{th} - T_f)}{T_{bf} - T_f} + L_0 \rho_d \frac{dW_w}{dT} \quad (3.22)$$

$$\lambda_Ⅲ = \lambda(T) = \lambda_f + \frac{(\lambda_{th} - \lambda_f)(T_{th} - T_f)}{T_{bf} - T_f} \quad (3.23)$$

Ⅳ区——土体实际冻结。

$$C_Ⅳ = C_{\text{эф}}(T) = C_f + C_{\text{фаз}} \approx C_f = 常数 \quad (3.24)$$

$$\lambda_Ⅳ = \lambda_f(T) \approx \lambda_f = 常数 \quad (3.25)$$

3.4 用冻结时孔隙中的初始未冻结水确定冻土湿度

除了在纯水介质中,土体中的水在整个温度范围内从水变成冰,或者从冰变成水。换句话说,并非所有土体中的水在单一温度下都会发生相变。在一定温度下未冻结的土体水量占总水体量百分比称为未冻结的水含量。

冻土孔隙中的未冻结水的冻土湿度和含冰量可根据建筑行业标准《多年冻土地基与基础设计规范》(СНиП 2.02.04—88)和式(3.5)来确定:

$$i = w_{\text{tot}} - w_w \quad (3.26)$$

式中:i——单位土体冰含量;

w_{tot}——入冬前土体湿度。

未冻水含量特征作为冻土温度函数,在"Termoground"程序中是用下述方法确定的。

基于黏土中在建筑行业标准《多年冻土地基与基础设计规范》(СНиП 2.02.04—88)(Цытович H. A,Нерсесова 3. A,1953 年,1957 年)的表3.1中列出的未冻水与温度的关系,Termoground 程序模块选取了近似函数,该近似函数可以用下列通用方程表示:

$$K_w = \frac{a + b \cdot T}{1 + c \cdot T + d \cdot T^2} \quad (3.27)$$

式中:K_w——近似系数;

T——土体温度;

a、b、c、d——经验系数,其值由表3.2确定。

当土体温度超过初始冻结温度 T_{bf}(通常大约0° ~ -3.2℃)时,根据《多年冻土地基与基础设计规范》(СНиП 2.02.04—88),在冻结范围外的所有水处于未冻结状态。低于土体初始冻结温度时,部分水仍然处于未冻结状态,随着温度的下降,逐渐变成冰。最后,在低于某个温度时(Цытович H. A,1973 年,一般为 -3.0° ~ -13.0℃),土体实际上变成了冻土,土体内所有水被冻结。

系 数 K_w 值　　　　　　　　　　　表3.1

土名	塑性指数 (I_p)	塑限 (W_p)	冻土温度(℃)							
			-0.3	-0.5	-1	-2	-4	-6	-8	-10
亚砂土	2~7	10~18	0.6	0.5	0.4	0.35	0.30	0.28	0.26	0.25
亚黏土	8~13	19~23	0.7	0.65	0.6	0.50	0.45	0.43	0.41	0.40
重亚黏土	14~17	24~27	—	0.75	0.65	0.55	0.50	0.48	0.46	0.45
黏土	>17	>27	—	0.95	0.95	0.65	0.60	0.58	0.56	0.55

系数 a、b、c 和 d 值　　　　　　　　表3.2

土　名	塑性指数(I_p)	a	b	c	d
亚砂土	2~7	1.9664329	-5.1234621	-15.943694	0.54780534
亚黏土	8~13	0.7862784	-0.29632052	-0.84511413	-0.001111114
重亚黏土	14~17	1.0845112	-0.96312635	-2.1640101	0.011453901
黏土	>17	1.2088655	-0.29148553	-0.814133	-0.017624055

图3.4给出了未冻结水含量系数与各类黏土的关系曲线,其中 x 轴为温度,y 轴为系数 K_w。

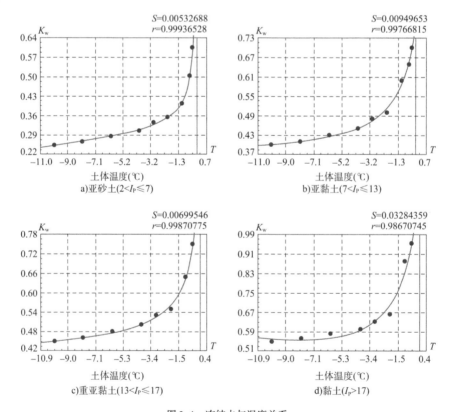

图3.4　冻结水与温度关系

注:图中 S 为曲线与实验数据的偏差;r 为曲线的置信度。

在地下水深度较大,季节性冻结土的湿度主要是由大气降水补给时,对于数值评价冻胀变形计算,冬季前计算湿度由下式确定(气候区划,1972年):

第3章 在空间条件下分析土体冻结、冻胀及融化的有限元模型构建

$$w = \frac{w_n \Omega_{oc}}{\Omega_e} \quad (3.28)$$

式中：w_n——在夏、秋季节勘察得到的冻结土平均湿度；

Ω_e——在勘察时间之前某个夏季持续时间 t_e（月）的计算降水量；

Ω_{oc}——冬季前的（值每月平均负空气温度前）期间 t_{oc}（月）计算降水量，等于持续时间 t_{oc}。

Ω_e 和 Ω_{oc} 的值根据多年气象资料平均值确定。

持续时间 t_e（昼夜）由下式确定：

$$t_e = \frac{d_{fn}}{k} \quad (t_e \leq 90) \quad (3.29)$$

式中：d_{fn}——季节冻结土正常深度；

k——渗透系数，m/昼夜。

对于个别类型的黏性土，t_e 的大体值为：亚砂土 0.5~1 个月；亚黏土 2 个月；黏土 3 个月。

冻土中冰的数量和未冻结水的含量可根据式(3.5)和式(3.26)确定。

当土体完全被冻结时（也就是未冻结水占 0%），土体热循环是恒定的冻土体热容。类似地，当土体完全融化时（也就是未冻结水占 100%），土体热循环是恒定的未冻土体的热容。

但是，当土体介质发生相变时（即未冻结水含量大于 0 但小于 100%），未冻结水含量函数的斜率、土体介质的体积含水率以及由于变化而被土体吸收或释放的相变潜热应该在确定土体热循环中予以考虑（Достовалов Б. Н 和 Кудрявцев В. А，1967 年）。

在我们编制的 FEM Termoground 程序模块中，采用了土体中未冻结水含量的函数来估算由于地下水相变化而被土体吸收或释放的负温度谱中的相变潜热。曲线的斜率为土体中体积热容量的变化指标（参见图 3.1）。

3.5 水分迁移冻土湿度的确定

迁移水分 q_{wf} 径流到冻结面的强度与多种土体冻结速度 v_f 的相互关系在相关文献里已给出（Чистотинов Л. В，1973 年；Фельдман Г. М，1988 年），文献中还指出：每一类型的土体具有自己相对的最优冻结速率 v_f^{onr} 和最大的水分迁移 q_{wf}^{max}，如图 3.5 所示。

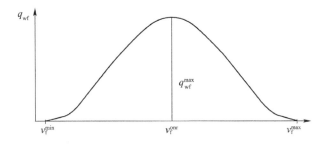

图 3.5 在冻结面与地下水位面吻合时，迁移水分 q_{wf} 径流到冻结面的强度与土体的冻结速度 v_f 的相互关系

v_f^{onr} 随着 v_f 值的增加或减小而相对减小。最佳冻结速度为 $0.6 \sim 1.0\text{mm/h}$。低于冻结最低速度 $v_f^{min} \approx 0.02 \sim 0.04\text{mm/h}$ 和高于冻结最高速度 $v_f^{max} \approx 8 \sim 15\text{mm/h}$ 时,水分迁移消失。

通常情况下,水分迁移的过程尚未确定,在其他条件相同的情况下,取决于土体冻结的程度和时限。随着冻结程度的增加,可能会出现以下情况:冻结速度超过缓冲区中水分的移动速度,并且最终在冻结面处的冻结水量等于初始水分含量。由于在冻结土体中冷却不均匀,可以观察到仅包含初始含水率的冻结层与大于初始含水率的冻结层交替出现。假设土体被冻结到 z 深度,让我们根据温度准则在其中选择 z_h 层,该层中由于水分流入而形成的冰含量将等于各层中迁移水分的总量。显然,当土体冻结到 z 深度时,具有稳定水分流动的这一层将对应于冻胀隆起区。

取决于迁移水分量的水分迁移层内的土体平均湿度由下式确定(Фельдман Г. М, 1988年):

$$w_{wf} = \frac{Q_{wf}}{\gamma_d} \tag{3.30}$$

式中:Q_{wf}——迁移水分量;
γ_d——土体的干容重。

迁移水分的质量 Q_{wf} 由下式确定:

$$Q_{wf} = q_{wf} \cdot A \cdot t \tag{3.31}$$

式中:A——迁移水流截面;
t——迁移水流作用时间。

由于迁移的水流用单位体积确定,干土重度等于干土质量 Q_d。那么在时间 t 内迁移水产生的平均湿度增加量为:

$$\Delta w_{wf} = \frac{Q_{wf}}{Q_d} \tag{3.32}$$

在冻结时计算迁移水量,必须已知地下水位年变化趋势和冻结速度。俄罗斯不同机构在对土的季节性冻结地区进行了地下水位波动的大量观测的基础上,发现地下水位年最大波动有两个季节:春季和秋季。其中,春季波动最大是指地下水位在春季年内最高;秋季最大是指在量上比春季小许多。地下水最低水位一般是在秋末。上升高度和振幅取决于埋深和其上的土体的粒度成分。

地下水位从秋末开始下降,并持续整个冬天。地表面冻结使得降雪融水不会被充填到土体孔隙中,这是一种典型现象。地基土体的冻结速度变化取决于外部气温,如图3.6所示。

地下水位的波动幅度取决于许多因素,特别是地下水的埋深和其上的土体粒度成分。在分析了俄罗斯远东和西北地区的大量地下水位年波动基础上,在 Termoground 程序模块中,地下水位高程变化用下式描述:

$$Z = A \cdot t + B \tag{3.33}$$

式中:A——考虑到地下水位年波动的系数;
t——时间;
B——冬前时期的地下水位高程。

第3章　在空间条件下分析土体冻结、冻胀及融化的有限元模型构建

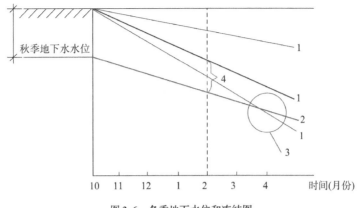

图 3.6　冬季地下水位和冻结图

1-与土体冻结速度相关的可能的冻结变化趋势;2-地下水位趋势;3-"开始"地下水位冻结情况;4-地下水位距冻结面的距离

随着冻结面距地下水位面的距离增加,迁移水量减少,如图 3.7 所示。

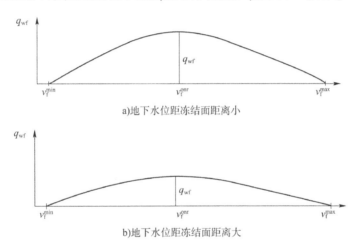

a)地下水位距冻结面距离小

b)地下水位距冻结面距离大

图 3.7　在地下水位距冻结面距离小和大时,土体冻结速度与迁移水流量的关系图

近年来,学者们对量化评价水分迁移给予了高度重视（Пузаков Н. А,1960 年;Фельдман Г. М,1988 年;Золотарь И. А,1965 年;Чистотинов Л. В,1973 年、1998 年;Ершов Э. Д,1979 年、1986 年及 1999 年;Карлов В. Д,1968 年、1997 年、1998 年、2000 年及 2004 年;Федоров В. И,1992 年;Чеверев В. Г,1991 年和 1999 年,等）。这些研究公式中包括了迁移流量,用于计算土体的冻胀总量,在确定地基冻结过程中形成的水分含量时,必须使用其数值。然而迄今为止,分析方法的难度暂时极大地限制了获得令人满意的结果的可能性。另外,针对确定迁移现象的物理和物理化学过程的研究也不足。因此,在解决迁移问题时,通常必须使用各种假设,如关于冻结期间水分迁移的边界条件和性质的假设。

Ершов Э. Д(1979 年,1990 年)和 Konrad J. M(1980 年,1987 年)发现,在所谓的冰冻边界内,冰透镜形成在冻结面的正后方,其高度为几毫米。此外,由于透镜阻碍了迁移路径,加之冰使土体颗粒胶结固化,因此水分不会进入冻结区。在融化区,观察到湿度降低,在黏土中,甚至还观察到收缩。

通常冬季可在建筑物的地基中观察到地下水位的显著下降,即融化区的增加和脱水,这

会导致土体冻胀速度逐渐降低。

Карлов В.Д(1998年,2000年)给出了径流到冻结面前沿的迁移水分密度(通过单位面积进入冻结土体的水量)与压力的关系：

$$q_{v,p} = q_v \cdot e^{-a \cdot \sigma} \tag{3.34}$$

式中：q_v——地基土冻结层在缺少外界压力时迁移水分密度；

a——经验系数；

σ——冻结面前沿压力。

Чистотинов Л.В 在1973年完成并分析了非饱和土土体冻结水分迁移及能够量化评价水分向冻结面迁移的过程的大量的实验数据,结果概括如下。

从总迁移量 q_{wf} 中的确定了一部分水 q_{wf1} 导致相变边界上聚集,而余下部分 q_{wf2} 在冻结区引起含水率直接增加,二者之和为总迁移水量：

$$q_{wf} = q_{wf1} + q_{wf2} \tag{3.35}$$

从迁移水量与冻结速度的关系中,特别是对于决定在相变边界湿度增加那一部分,可以得到湿度增加与速度 v_f 的关系。导致冻结边界湿度增加的迁移水流部分可以由 Золотарь И.А 于1965年推荐的公式确定：

$$q_{wf1} = \rho_d \cdot \Delta w_1 \cdot v_f \tag{3.36}$$

式中：ρ_d——干密度；

Δw_1——相变边界上湿度变化量。

由式(3.36)可以相应地得到湿度增加与速度 v_f 的关系：

$$\Delta w_1 = \frac{q_{wf1}}{\rho_d \cdot v_f} \tag{3.37}$$

在 Чистотинов Л.В 于1973年提供的大量实验数据基础上,式(3.37)能够确定广义的在相变界面上湿度增加与冻结速度的关系。

砂土、黏土和亚黏土相变界面上湿度增加 Δw 与冻结速度的关系分别在图3.8~图3.11中给出,并且与 $q_{wf1}f(v)$ 呈反比关系,是单调递减函数。

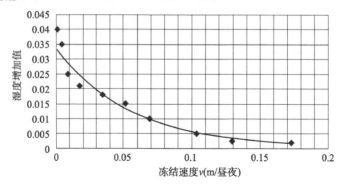

图3.8 含水量为11%的中砂的相变界面上湿度增加与冻结速度关系曲线

第3章　在空间条件下分析土体冻结、冻胀及融化的有限元模型构建

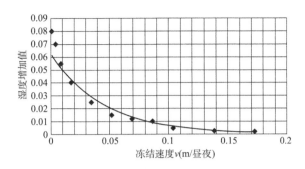

图 3.9　含水量为 11% 的细砂和粉砂的相变界面上湿度增加与冻结速度关系曲线

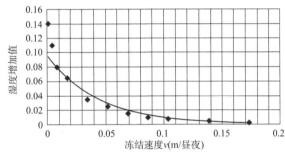

图 3.10　含水量为 37% 的黏土的相变界面上湿度增加与冻结速度关系曲线

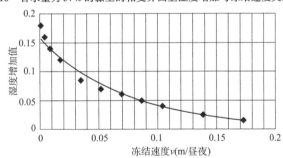

图 3.11　含水量为 30% 的亚黏土的相变界面上湿度增加与冻结速度关系曲线

当冻结速度 v_f 接近 0 时,计算值 Δw_1 为不确定的。从这些相互关系中可以发现,在冻结速度处于 $0\sim 4\times 10^{-7}$ m/s 的区间内,冻结边界的湿度增加大约为 2%~5%(砂土)、8%~16%(亚黏土)及 4%~14%(黏土)。

除了迁移径流,冻结边界处的水分增量还取决于冬季前的土体湿度。在初始土体湿度较低的情况下,该增量可以忽略不计。另外,在砂质土体中,冻结边界处的水分增量首先随着湿度的增加而增加,然后开始减少(Чистотинов Л.В,1973 年)。在这些土体中观察到增加的湿度 Δw_1 约为 0~11%,随着土体中初始水分含量的进一步增加,这种增加开始减少。在湿度增加高达 25%~30% 的黏土中,仍然可以观察到冻结边界处水分增量的增加。若这些土体在较高的初始湿度下,预计 Δw_1 将减少。

相变边界处湿度的增加应以某种方式反映在冻结过程中,特别是冻结时的速度,与不考虑水分迁移的斯特藩(Stefan)问题的解对比,冻结速度会降低。另外,从斯特藩常见的冻结问题的解析解获得的冻结速度值可能会大于实际观察到的迁移水分的冻结速度值。

基于对各种土体中水分增量 Δw_1 对冻结速度 v_f 的现有关系的分析,我们选取了在

Termoground程序模块中使用的相应逼近函数。水分增加量 Δw_1 与各种土体在冻结面界限处冻结速度 v_f 的相关性近似函数的平均值由以下形式的一般公式描述：

$$\Delta w_{wf} = b \cdot e^{c \cdot v_f} \tag{3.38}$$

式中：v_f——土体冻结速度；

b、c——经验系数，取值见表3.3。

系数 b、c 取值　　　　表3.3

土 类 别	速度(v_f)	b	c
亚黏土	m/昼夜	0.1581	-13.642
	m/旬	0.1581	-1.3642
	m/月	0.1581	-0.4485
黏土	m/昼夜	0.0961	-22.816
	m/旬	0.0961	-2.2816
	m/月	0.0961	-0.7501
中砂	m/昼夜	0.0336	-17.744
	m/旬	0.0336	-1.7744
	m/月	0.0336	-0.5918
细砂和粉砂	m/昼夜	0.0626	-22137
	m/旬	0.0626	-2.2137
	m/月	0.0626	-0.7278

在 Termoground 程序模块中，土体冻结过程中湿度的确定有下列两种方法：

(1)在地下水埋深较大的条件下，季节性冻土湿度主要源自秋季前的大气降水，根据式(3.5)和式(3.26)来确定冻土孔隙体积中冰的夹杂物数量和未冻结水引起的湿度。

(2)在地下水埋深较小的条件下，水分向冻结面迁移的过程非常强烈。因此，地基土中迁移水分的多少取决于冻结速度 v_f。

为了确定土体冻结面边界的位置，应先计算有限元几何中心的垂直坐标：

$$Z_C = \frac{\sum Z_i}{n} \tag{3.39}$$

式中：Z_i——四节点有限元几何中心坐标；

n——有限单元节点数。

如果 Z_C 高于地下水位，且地下水位距单元中心的距离小于 d_w 时，那么土体冻结速度按下式计算：

$$V_f = \frac{T_i - T_{i-1}}{dt} \tag{3.40}$$

式中：T_i、T_{i-1}——对应的现在和前一时间段单元温度。

1973年，Чистотинов Л.В 在土体冻结面与地下水位一致的条件下，进行了冻结土体水分迁移的实验。实验结果表明，随着冻结面距地下水位的距离增加，产生的湿度增加量 Δw_{wf} 减小，并且距离大于2.0m时，其增加量值非常小。因此，对式(3.38)进行了修正。在这种

第3章 在空间条件下分析土体冻结、冻胀及融化的有限元模型构建

情况下,在 Termoground 程序模块中使用的表达式(3.38)采用以下形式:

$$\Delta w_{wf} = b \cdot e^{c \cdot v_f} \cdot \left(1 - \frac{Z_{wl}}{d_w}\right) \tag{3.41}$$

式中:Z_{wl}——冻结计算期内地下水位距冻结面的距离,$0 \leqslant Z_{wl} \leqslant d_w$;

d_w——最大冻结深度与最高地下水位之间的最小距离,此时,尽管土体有别,但地下水对土体的湿度没有影响(土体有别)(Орлов В. О,1962 年;Федоров В. И, 1992 年;Карлов В. Д, 1998 年;Роман Л. Т, 2002 年),各类土的 d_w 值见表3.4。

各类土的 d_w 值(单位:m) 表3.4

土 类 别	d_w	土 类 别	d_w
黏土	3.5	粉砂	1.0
亚黏土	2.5	细砂	0.5
亚砂土	1.5		

在提出的模型中,迁移是垂直于冻结面的,这是由热物理问题的解确定的。因此,最终单元中的总湿度由下式确定:

$$\sum w = w_{tot} + \Delta w_{v_f} \tag{3.42}$$

知道了负温度作用的每一时刻的总湿度分布,就可以定量确定冻结变形的数值。

3.6 解决热物理问题的土体模型的数值方法

为了解决冻结-融化的空间问题,选择了四节点四面体形式的体积有限元:

$$N_\beta = a_\beta + b_\beta x + c_\beta y + d_\beta z \tag{3.43}$$

式中使用行列式或矩阵乘法计算常数(Сегерлинд Л,1979 年)。必要的矩阵如下:

$$\mathbf{N} = N_i N_j N_k N_l \tag{3.44}$$

$$\mathbf{B} = \frac{1}{6V} \begin{bmatrix} b_i & b_j & b_k & b_l \\ c_i & c_j & c_k & c_l \\ d_i & d_j & d_k & d_l \end{bmatrix} \tag{3.45}$$

$$\int_V \mathbf{B}^T \mathbf{D} \mathbf{B} \mathrm{d}V = \frac{K_{xx}}{36V} \begin{bmatrix} b_i b_i & b_i b_j & b_i b_k & b_i b_l \\ & b_j b_j & b_j b_k & b_j b_l \\ & & b_k b_k & b_k b_l \\ & & & b_l b_l \end{bmatrix} + \frac{K_{yy}}{36V} \begin{bmatrix} c_i c_i & c_i c_j & c_i c_k & c_i c_l \\ & c_j c_j & c_j c_k & c_j c_l \\ & & c_k c_k & c_k c_l \\ & & & c_l c_l \end{bmatrix} +$$

$$\frac{K_{zz}}{36V} \begin{bmatrix} d_i d_i & d_i d_j & d_i d_k & d_i d_l \\ & d_j d_j & d_j d_k & d_j d_l \\ & & d_k d_k & d_k d_l \\ & & & d_l d_l \end{bmatrix} \tag{3.46}$$

$$\int_s h\boldsymbol{N}^{\mathrm{T}}\boldsymbol{N}\mathrm{d}S = \frac{hS_{jkl}}{12}\begin{bmatrix}0 & 0 & 0 & 0\\ 0 & 2 & 1 & 1\\ 0 & 1 & 2 & 1\\ 0 & 1 & 1 & 2\end{bmatrix} \qquad (3.47)$$

$$\int_V \boldsymbol{N}^{\mathrm{T}}Q\mathrm{d}V = \frac{QV}{4}\begin{Bmatrix}1\\1\\1\\1\end{Bmatrix} \qquad (3.48)$$

$$\int_s T_\infty h\boldsymbol{N}^{\mathrm{T}}\mathrm{d}S = \frac{hT_\infty S_{jkl}}{3}\begin{Bmatrix}0\\1\\1\\1\end{Bmatrix} \qquad (3.49)$$

S_{jkl} 是包含节点 j、k 和 l 等的表面积。对于式(3.48),还有其他 3 种形式的表示法。在每一种表示法中,主对角线上的系数的值等于 2,并且主对角线上的非零系数的值等于 1。与位于考虑中的曲面外部的节点相对应的行和列中的系数等于零。对于式(3.49),也还有其他 3 种形式的表示法。零系数位于对应于所考虑曲面外部节点的直线中。

方程组的求解结果是节点温度场。对于线性问题,当土体特性恒定时,将直接计算节点中的温度。但是,考虑的土体模型是非线性的,因为土体的性质是温度的函数。

实施的有限元模型在迭代过程中使用了可重复的替换技术。在第一次迭代中,单元的初始属性用于形成系统刚度矩阵。根据先前迭代中单元的计算温度,在后续迭代中更新土体属性。迭代过程将继续进行,直到迭代次数达到指定的最大次数或直到解的结果满足收敛准则为止。

该程序使用验证连续迭代之间温度矢量 $\Delta\boldsymbol{T}$ 的变化作为收敛性的量度。向量变化率称为残差,由下式确定:

$$R = \|\Delta\boldsymbol{T}\| = \left(\sum_{j=1}^{n}|\Delta T_j|^2\right)^{2/3} \qquad (3.50)$$

式中:R——残差;

n——节点总数;

j——节点号;

ΔT——两次连续迭代之间的节点温度差。

残差是迭代之间温度差的度量。在正常的收敛过程中,残差将减少并接近于 0。当残差小于解的指定精度时,该解被认为是收敛的。

一旦解收敛并且确定了节点温度的值,就可根据以下表达式在每个单元内的每个高斯积分点处计算出热梯度和热通量单位:

$$\begin{Bmatrix}i_x\\i_y\\i_z\end{Bmatrix} = \boldsymbol{B}\boldsymbol{T} \qquad (3.51)$$

式中:i_x、i_y、i_z——在 x、y、z 方向上的温度梯度值。

第3章　在空间条件下分析土体冻结、冻胀及融化的有限元模型构建

每个高斯积分点处热流速度由下式确定：

$$\begin{Bmatrix} v_x \\ v_y \\ v_z \end{Bmatrix} = \boldsymbol{CBT} \tag{3.52}$$

式中：v_x、v_y、v_z——x、y、z方向上的速度；
　　　$\boldsymbol{C}$——热导矩阵。

在程序中，每个高斯积分点的热导率都存储在某个数组中，以便随后形成有限元方程式。相同的热导率值用于计算单位热通量。

可以考虑任何方向的热通量。可以根据节点温度的值和整体有限元方程的系数来计算该量。图3.12所示为计算六面体沿x轴热通量的示例。

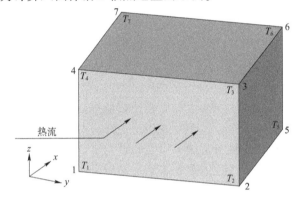

图3.12　热流方向

矩阵形式的热流方程可以写作如下形式：

$$\boldsymbol{KT} + \boldsymbol{M}\frac{\Delta T}{\Delta t} = \boldsymbol{Q} \tag{3.53}$$

一个单元的整体有限方程组如下：

$$\begin{bmatrix} c_{11} & c_{12} & c_{13} & c_{14} & c_{15} & c_{16} & c_{17} & c_{18} \\ c_{21} & c_{22} & c_{23} & c_{24} & c_{25} & c_{26} & c_{27} & c_{28} \\ c_{31} & c_{32} & c_{33} & c_{34} & c_{35} & c_{36} & c_{37} & c_{38} \\ c_{41} & c_{42} & c_{43} & c_{44} & c_{45} & c_{46} & c_{47} & c_{48} \\ c_{51} & c_{52} & c_{53} & c_{54} & c_{55} & c_{56} & c_{57} & c_{58} \\ c_{61} & c_{62} & c_{63} & c_{64} & c_{65} & c_{66} & c_{67} & c_{68} \\ c_{71} & c_{72} & c_{73} & c_{74} & c_{75} & c_{76} & c_{77} & c_{78} \\ c_{81} & c_{82} & c_{83} & c_{84} & c_{85} & c_{86} & c_{87} & c_{88} \end{bmatrix} \begin{Bmatrix} T_1 \\ T_2 \\ T_3 \\ T_4 \\ T_5 \\ T_6 \\ T_7 \\ T_8 \end{Bmatrix} = \begin{Bmatrix} Q_1 \\ Q_2 \\ Q_3 \\ Q_4 \\ Q_5 \\ Q_6 \\ Q_7 \\ Q_8 \end{Bmatrix} \tag{3.54}$$

根据热流定律[式(3.53)]，两个节点之间的温度变化总通量为：

$$Q = kA\frac{\Delta T}{l} \tag{3.55}$$

系数C_{ij}在式(3.54)中，相应的$\frac{kA}{l}$在式(3.55)中。因此，从节点i至节点j的热流等于：

$$Q_{ij} = C_{ij}(T_i - T_j) \tag{3.56}$$

3.7 土体冻胀有限元模型

Фадеев А. Б(1987 年)和 Полянкин Г. Н(1980 年,1982 年)等人对基础与冻胀土相互作用的数值分析进行了开创性的前沿研究。

水转变成冰对冻胀变形研究的主要贡献者为崔托维奇(Цытович Н. А,1945 年)。另外,在细粒土中,冻结伴随着水分在负温度范围内的相变区域中迁移。这种迁移会导致水被吸到冻结面,并且使冻结土体的体积显著增加,这在受限制的条件下将引起冻胀力的急剧发展,在冷冻方向上达到最大值。因此,首先需要知道在计算时段该土体单元内含有多少水。

在 Termoground 程序模块中,可在热物理计算阶段设置冻结过程中土体单元中的水量。在相同的传热和地下水边界条件下,土体单元中的水量取决于自然湿度和迁移过程中流入该单元的水分量。

在 Termoground 程序模块中,冻结期间土体冻胀增加的相对变形的确定取决于最初位于土体孔隙中水的体积、在水分迁移过程中流入的冻结水量以及冻结裂缝量。

Termoground 程序模块中饱和的冻土的冻胀相对变形的值按如下方法确定。

第 i 个有限单元的解析方程右侧的 $\boldsymbol{F}_{fi}$ 向量计算如下:

$$\boldsymbol{F}_{fi} = \boldsymbol{F} + \boldsymbol{F}_{fadd} \tag{3.57}$$

式中:$\boldsymbol{F}$——来自外部荷载和土体自重的节点力向量;

$\boldsymbol{F}_{fadd}$——由于单元的冻胀而产生的附加节点力的向量。

为了解决冻结和融化的实际空间问题,使用了八节点有限元。在局部坐标 ξ、η 中,ζ 顶点的坐标为 0、1 或 -1。单元内部点的节点坐标 x、y、z 通过节点坐标和逆像的坐标 ξ、η、ζ,由以下表达式确定:

$$\left.\begin{aligned} x &= N_1 x_1 + \cdots + N_8 x_8 \\ y &= N_1 y_1 + \cdots + N_8 y_8 \\ z &= N_1 z_1 + \cdots + N_8 z_8 \end{aligned}\right\} \tag{3.58}$$

式中:x_1、y_1、$\cdots$、z_8——节点坐标;

N_1、N_2、$\cdots$、N_8——形状函数,由下列一般方程确定:

$$N_i = \frac{1}{8}(1+\xi\xi_i)(1+\eta\eta_i)(1+\zeta\zeta_i) \tag{3.59}$$

第 i 个节点的坐标 ξ_i、η_i 和 ζ_i 按下式确定:

$$\left.\begin{aligned} \xi_i &= (-1)^i \\ \eta_i &= (-1)^{\text{int}\left(\frac{i+1}{2}\right)} \\ \zeta_i &= (-1)^{\text{int}\left(\frac{i+3}{4}\right)} \end{aligned}\right\} \tag{3.60}$$

形状函数相对于全局坐标 x、y、z 的导数通过以下关系与局部坐标的导数相关:

$$\begin{Bmatrix} N'_{ix} \\ N'_{iy} \\ N'_{iz} \end{Bmatrix} = \boldsymbol{J}^{-1} \begin{Bmatrix} N'_{i\xi} \\ N'_{i\eta} \\ N'_{i\zeta} \end{Bmatrix} \tag{3.61}$$

式中:$\boldsymbol{J}$——雅可比矩阵。

第3章 在空间条件下分析土体冻结、冻胀及融化的有限元模型构建

$$J = \begin{bmatrix} x'_\xi & y'_\xi & z'_\xi \\ x'_\eta & y'_\eta & z'_\eta \\ x'_\zeta & y'_\zeta & z'_\zeta \end{bmatrix} = \begin{bmatrix} N'_{1\xi} & N'_{2\xi} & N'_{3\xi} & \cdots & N'_{8\xi} \\ N'_{2\eta} & N'_{2\eta} & N'_{3\eta} & \cdots & N'_{8\eta} \\ N'_{2\zeta} & N'_{2\zeta} & N'_{3\zeta} & \cdots & N'_{8\zeta} \end{bmatrix} \begin{bmatrix} x_1 & y_1 & z_1 \\ x_2 & y_2 & z_2 \\ x_3 & y_3 & z_3 \\ x_4 & y_4 & z_4 \\ x_5 & y_5 & z_5 \\ x_6 & y_6 & z_6 \\ x_7 & y_7 & z_7 \\ x_8 & y_8 & z_8 \end{bmatrix} \quad (3.62)$$

局部坐标派生形式的一般表达式为:

$$\begin{aligned} N'_{i\xi} &= \frac{\partial N_i}{\partial \xi} = \frac{1}{8}\xi_i(1+\eta\eta_i)(1+\zeta\zeta_i) \\ N'_{i\eta} &= \frac{\partial N_i}{\partial \eta} = \frac{1}{8}\eta_i(1+\xi\xi_i)(1+\zeta\zeta_i) \\ N'_{i\zeta} &= \frac{\partial N_i}{\partial \zeta} = \frac{1}{8}\zeta_i(1+\eta\eta_i)(1+\xi\xi_i) \end{aligned} \quad (3.63)$$

在前一 T_{i-1} 和当前 T_i 步读取在时刻 t_i 温度值。

冻胀相对变形的增量由以下表达式确定:

$$d\boldsymbol{\varepsilon}_{fh} = \boldsymbol{\varepsilon}_i - \boldsymbol{\varepsilon}_{i-1} \quad (3.64)$$

式中:$\boldsymbol{\varepsilon}_{fh}$、$\boldsymbol{\varepsilon}_i$、$\boldsymbol{\varepsilon}_{i-1}$——变形量变化值求解。

$$d\boldsymbol{\varepsilon}_{fh} = \begin{Bmatrix} \varepsilon_x \\ \varepsilon_y \\ \varepsilon_z \\ \gamma_{xy} \\ \gamma_{xz} \\ \gamma_{yz} \end{Bmatrix} = \begin{bmatrix} l_{sx} \\ l_{sy} \\ l_{sz} \end{bmatrix}^T \begin{Bmatrix} \psi d\varepsilon_{fh\perp} \\ \psi d\varepsilon_{fh\perp} \\ d\varepsilon_{fh\perp} \\ 0 \\ 0 \\ 0 \end{Bmatrix}^T \begin{bmatrix} l_{sx} \\ l_{sy} \\ l_{sz} \end{bmatrix} \quad (3.65)$$

式中: ψ——冻胀各向异性系数;

$\varepsilon_{fh\perp}$——垂直于土体冰冻前沿的相对变形量;

l_{sx}、l_{sy}、l_{sz}——指向温度梯度的 S 方向余弦。

$$\left. \begin{aligned} l_{sx} &= \frac{\frac{\partial T}{\partial x}}{\frac{\partial T}{\partial S}} \\ l_{sy} &= \frac{\frac{\partial T}{\partial y}}{\frac{\partial T}{\partial S}} \\ l_{sz} &= \frac{\frac{\partial T}{\partial z}}{\frac{\partial T}{\partial S}} \end{aligned} \right\} \quad (3.66)$$

$$\frac{\partial T}{\partial S} = \sqrt{\left(\frac{\partial T}{\partial x}\right)^2 + \left(\frac{\partial T}{\partial y}\right)^2 + \left(\frac{\partial T}{\partial z}\right)^2} \tag{3.67}$$

另外,在冻结过程中,研究人员观察到由实验确定的霜冻胀各向异性系数 Ψ 表示冻胀大变形的各向异性(Далматов Б. И,Ласточкин В. С,1978 年;Фадеев А. Б,Репина П. И,Сахаров И. И,1994 年;Невзоров А. Л,Кудрявцев С. А 等,2004 年)。当土体达到一定湿度时,应考虑由冻结过程中冻裂的形成而引起的土体相对变形(Паталеев А. В,1966 年;Карлов В. Д,1968 年;Конюшенко А. Г 等,1977 年)。

由于冻胀力的作用,垂直于土体冰冻前沿的相对变形在 Termoground 程序模块中,一般由以下关系表示:

$$\varepsilon_{\text{fh}\perp} = 0.09(w_{\text{tot}} - w_{\text{w}})\frac{\rho_{\text{d}}}{\rho_{\text{w}}} + 1.09\int_0^{t_c} q_{\text{wf}} dt + \varepsilon_{\text{cr}} \tag{3.68}$$

式中:$\varepsilon_{\text{fh}\perp}$——垂直于土体冰冻前沿的相对变形;

ε_{cr}——冻胀裂缝形成的相对变形;

ρ_{d}——土的干密度;

ρ_{w}——水的密度。

式(3.68)的第一项反映了最初位于土体孔隙中的水冻结期间土体体积增加引起的相对变形,第二项表示水迁移至土体冻结层时其体积增加引起的相对变形的大小,第三项反映了由在冻结期间在地基内形成冻胀裂隙而导致的相对变形的大小。

平行于冰冻面的相对变形量为:

$$\varepsilon_{\text{fhII}} = \psi \varepsilon_{\text{fh}\perp} \tag{3.69}$$

第 i 个有限单元的解析方程式右侧向量 $\boldsymbol{F}_{\text{fadd}}$ 的附加力计算如下:

$$\boldsymbol{F}_{\text{fadd}} = \int_V \boldsymbol{B}^{\text{T}} \boldsymbol{D} \mathrm{d}\boldsymbol{\varepsilon}_{\text{fh}} \mathrm{d}V = \boldsymbol{B}^{\text{T}} \boldsymbol{D} \{\mathrm{d}\boldsymbol{\varepsilon}_{\text{fh}}\} V \tag{3.70}$$

式中:$\boldsymbol{B}$——由式(3.71)确定的单元形状导数函数矩阵。

$$\boldsymbol{B} = \begin{bmatrix} N'_{1x} & 0 & 0 & N'_{2x} & 0 & \cdots & N'_{8x} & 0 & 0 \\ 0 & N'_{1y} & 0 & 0 & N'_{2y} & \cdots & 0 & N'_{8y} & 0 \\ 0 & 0 & N'_{1z} & 0 & 0 & \cdots & 0 & 0 & N'_{8z} \\ N'_{1y} & N'_{1x} & 0 & N'_{2y} & N'_{2x} & \cdots & N'_{8y} & N'_{8x} & 0 \\ 0 & N'_{1z} & N'_{1y} & 0 & N'_{2z} & \cdots & 0 & N'_{8z} & N'_{8y} \\ N'_{1z} & 0 & N'_{1x} & N'_{2z} & 0 & \cdots & N'_{8z} & 0 & N'_{8x} \end{bmatrix} \tag{3.71}$$

$\boldsymbol{D}$ 为由式(3.72)确定的单元弹性矩阵:

$$\boldsymbol{D} = \frac{E}{(1+\nu)(1-2\nu)} \begin{bmatrix} 1-\nu & \nu & \nu & 0 & 0 & 0 \\ & 1-\nu & \nu & 0 & 0 & 0 \\ & & 1-\nu & 0 & 0 & 0 \\ & & & \frac{1-2\nu}{2} & 0 & 0 \\ & & & & \frac{1-2\nu}{2} & 0 \\ & & & & & \frac{1-2\nu}{2} \end{bmatrix} \tag{3.72}$$

第3章　在空间条件下分析土体冻结、冻胀及融化的有限元模型构建

式中：E——弹性模量；

ν——单元体积。

当冻结且大量水分积聚和冰饱和时，土体的干密度 ρ_d 降低，并根据以下表达式确定：

$$\rho_d = \frac{\rho_{df,(th)}}{1+w} \tag{3.73}$$

式中：w——单元积累的水分；

$\rho_{df,(th)}$——根据表格以及热特性取值。

Termoground 程序模块提供了重新计算 ρ_d 的功能。

对于所有类型的冻土，无论温度如何，规范性文件中的泊松比 ν 值通常都取 0.35。

对多矿物黏土在单轴压缩下的研究（Цырендоржиева М. Д，1994 年）表明，ν 值与温度关系密切，如图 3.13 所示。

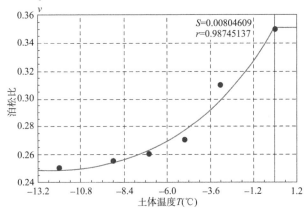

图 3.13　多矿物黏土泊松比与负温关系曲线图

注：S 为所得曲线与实验数据的偏差；r 为可靠度。

根据 Schleicher 公式计算变形模量时，如果不考虑泊松比 ν 随温度的变化，可能会导致高达 10% 的误差。

多元矿物黏土的泊松比对负温度的关系由二次函数反函数表示，即：

$$\nu = \frac{1}{2.8364971 - 0.19233598T - 0.0078026118T^2} \tag{3.74}$$

应基于以下陈述考虑因素考虑冻胀裂缝的形成。为了计算基础的冻胀隆起力，必须知道由于土体中水分的结晶固化膨胀而导致的冻土厚度的增加值。已发表的论文描述了冻结过程中土体体积膨胀研究的结果（Андрианов П. И，1936 年），并测量了冻结活动层土体过程中表面上升的高度（Орлов В. О，1962 年）。

Андрианов П. И 于 1936 年在他开发的一种特殊的膨胀计的帮助下，第一次测量了冻结过程中土体膨胀的系数。在这种情况下，由于作者没有考虑膨胀计中汞体积随温度降低而减少的校正，因此得出的系数值偏低。尽管汞的体积膨胀系数比结晶过程中水的体积膨胀系数小约 500 倍，但由于膨胀计的体积比地下水大 10 倍，因此容器壁与容器中心之间的温差约为 7～8℃。与汞相比，上述体积显著减少。事实证明，水饱和土体的体积增加少于冻结过程中土体中可用水的体积增加。

Орлов В. О 在 1962 年的研究工作包含一个特殊的部分，即基于冻结由地下水形成的冰填

充空气所占据的部分孔隙的假设,并且仅在填充所有空气孔隙后才散布固体颗粒的计算,专门用于计算冻土的增量。根据这个假设,水饱和度小于或等于 0.9 的土体在冻结过程中不应再增加体积。这与实验数据相矛盾,因为与 Орлов В.О 在 1962 年的方法中所计算的结果相比,冻土表面的上升更多。这种差异通常可以通过水分从下层解冻土体迁移到冻结面面来解释。

Карлов В.Д 于 1968 年、Конюшенко А.Г 等人于 1977 年研究了小土体样品冻结过程中的体积膨胀,其中故意忽略了水分向冻结面的迁移。他们对融化且不受干扰的融化土体样品进行了体积膨胀的实验室研究,这些融化土体样品由直径为 72mm、高度为 35.5mm 的圆柱体形式压缩装置的环刀切出。

实验确定了试件体积质量、湿度及孔隙率。在相同种类的土体中,测量固体颗粒的密度。暴露两天后,将样品从环中取出,放置于 -6℃ 冰箱内,外包塑料快速冷冻。冷冻后,根据 Мазуров Г.П 于 1975 年提出的方法,通过置换液体的体积确定它们的体积质量。聚乙烯膜可防止空气中的水分流失,因此,处于融化和冷冻状态的样品湿度恒定,故除多次对照测量外均未进行再次测量。

众所周知,单位体积冻土中未冻结的水、冰和空气之和所占的体积,或单位体积的融化土体中水和空气所占的体积可由下式表示:

$$n = \frac{\rho_s - \rho_d}{\rho_s} = 1 - \frac{\rho}{\rho_s(1+w)} \tag{3.75}$$

式中:ρ_s——土粒密度;

ρ_d——土的干密度;

ρ——土体密度;

w——土体含水量。

似乎有可能在单位体积的解冻或冻结土体中挑选出被冰、未冻结的水和空气分开占据的部分。通过简单的变换,可以表明,空气仅占融化土体单位体积的一小部分,即:

$$n_{\text{airth}} = 1 - \frac{\rho_{\text{th}}}{(1+w)\rho_d} - \frac{w\rho_{\text{th}}}{(1+w)\rho_w} \tag{3.76}$$

式中:ρ_{th}——融化土体密度;

ρ_w——水密度。

冻结土体的单位体积为:

$$n_{\text{airf}} = 1 - \frac{\rho_{\text{th}}}{(1+w)\rho_d} - \frac{(w-w_w)\rho_f}{(1+w)\rho_{\text{ice}}} - \frac{w_w\rho_f}{(1+w)\rho_w} \tag{3.77}$$

式中:ρ_f——冻结后土的密度;

ρ_{ice}——冰密度;

w_w——未冻结水的含水率(湿度)。

基于获得的每个试件在解冻状态和再冻结状态下的实验数据,通过式(3.76)、式(3.77)计算出空气体积份额。总共研究了 62 个黏土、亚黏土和亚砂土试件。冻结过程中裂隙的体积分布与黏土中水分的相关性在图 3.14 中给出,黏土的 $\rho_s = 2.79\text{g/cm}^3$,$w_w = 0.08$,并且在冻结过程中温度为 -6℃。

对于亚黏土和亚砂土的实验研究也定性地获得了的相同结果。绝大多数实验(由于测量误差引起的波动)结果表明,冻结后 1cm^3 融化土体中的空气体积始终小于 1cm^3 冻结后土

第3章　在空间条件下分析土体冻结、冻胀及融化的有限元模型构建

体中的空气体积。

分析 Конюшенко А. Г 等人于 1977 年得到的结果,由冻结裂隙形成的相对变形对黏土冻结过程中水分 w 的关系可以用以下表达式近似表示:

$$|\varepsilon_{\mathrm{cr}}| = \frac{-0.001972516 + 0.0081876987 \cdot w}{1 - 7.732496 \cdot w + 14.969634 \cdot w^2} \quad (3.78)$$

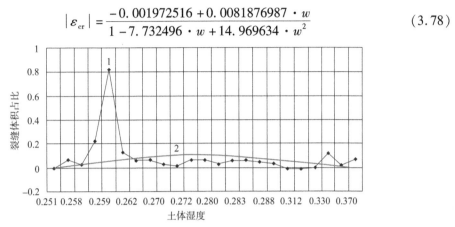

图 3.14　冻结时在黏土内冻结裂缝体积分布
1-实验研究结果;2-近似曲线

测量结果表明,在孔隙中冻结结晶的水没有填充空气所占据的部分空隙,而是拉开了固体颗粒,因此,土体的体积增加。此外,空气所占据的空隙的体积也增加。

Карлов В. Д 于 1968 年、Конюшенко А. Г 等人于 1977 年获得的数据使我们能够解释水分向冻结面的迁移过程,而无须涉及膜的潜在理论和水分运动的毛细作用机理。

在融化的土体中,气压并未降低,因此,由于已经出现的水分压力下降,水分移至冻结面。它的运动速度取决于在最终压力梯度作用下的渗透速率。

到达冰冻结面的水分也将在相变区中移动。这是因为冰的形成始于单个晶体的形成,然后晶体生长并使土体固结,但是在其生长过程中,水会在晶体和固体颗粒之间移动。新流入的水部分转化为冰将导致气孔新增加,因此该过程可以保持直到形成冰层。

根据 Конюшенко А. Г 和 Анисимов Л. Г 1977 年的实验,相对于冻结前气孔的体积,V_c 的最大值达到平均约为 0.1(图 3.13)。即全面冻结后,每个方向的最大体积增加量将为 $0.1/3 = 0.035(3.5\%)$。一维冻结时,$V_c = 0.035$(最大值)。在高湿度下,含水量大于液限 W_1,$V_c = 0$。

因此,为了计算在空间冻结情况下冻胀的变形,有必要通过实验确定参数 Ψ 和解冻土体的物理特性。

3.8　融化时土体变形计算有限元模型

在 Termoground 程序模块中,可以通过两种方法确定饱和的冻土融化的相对变形值。

(1)根据《冻土融化时实验室解冻系数和压缩系数的实验室测定方法》(ГОСТ 19706—74)的实验室测试结果,在这种情况下,融化土体的相对变形由以下表达式确定:

$$\varepsilon_{\mathrm{th}} = A_{\mathrm{th}} + \delta_{\mathrm{ith}} \quad (3.79)$$

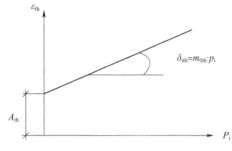

图 3.15 融化时垂向压力与冻土相对沉降的关系

式中：A_{th}——融化的热沉降相对变形；
δ_{ith}——融化荷载沉降相对变形。

$$\delta_{ith} = m_{0th} \cdot p_i \quad (3.80)$$

式中：m_{0th}——融化土体压缩系数，MPa^{-1}；
p_i——垂向压实应力，MPa。

融化时垂向压力与冻土相对沉降的关系如图 3.15 所示。

(2) 按照 Киселев М. Ф 于 1978 年提出的公式，根据以下表达式分析冻土的物理指标：

$$d \cdot \varepsilon_{th} = \frac{W - W_p - K_d \cdot I_p}{\gamma_w / \gamma_s + W} \quad (3.81)$$

式中：I_p——塑性指数；
γ_w——水的容重；
γ_s——土粒容重；
d——压力下融化的土体体积与冷冻状态下的初始体积之比；
K_d——压实系数，取决于黏性土的分散性和解冻过程中的压实压力，由以下公式确定：

$$K_d = a \cdot I_p^{-b} + c \quad (3.82)$$

式中：a、b、c——取决于压实压力的经验系数。

在 Termoground 程序模块中，参数 a、b 及 c 由式(3.83)~式(3.85)近似计算，其曲线分别如图 3.16~图 3.18 所示。

$$a = 2.24566 - 0.0015045375 \cdot p + \frac{4171.410}{p^2} \quad (3.83)$$

$$b = 0.31562188 - 0.00034337293 \cdot p + \frac{-280.66621}{p^2} \quad (3.84)$$

$$c = -0.0018 \cdot p + 0.185 \quad (3.85)$$

第 i 个有限单元融化过程方程的右侧部分向量计算如下：

$$\boldsymbol{F}_{thi} = \boldsymbol{F} + \boldsymbol{F}_{thadd} \quad (3.86)$$

式中：$\boldsymbol{F}_{thadd}$——单元融化应力向量。

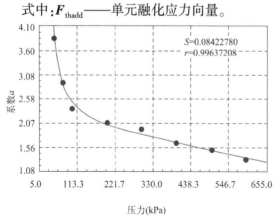

图 3.16 系数 a 与压力的关系

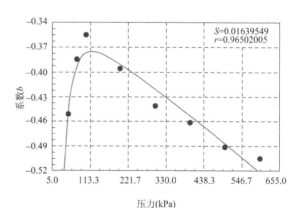

图 3.17 系数 b 与压力的关系

第3章　在空间条件下分析土体冻结、冻胀及融化的有限元模型构建

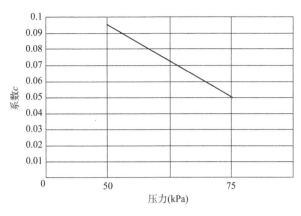

图 3.18　系数 c 与压力的关系

在时间 t_i 处,在先前的步骤 T_{i-1} 和当前的 T_i 步骤中读取温度值。冻土融化的相对变形增量由以下表达式确定：

$$d\boldsymbol{\varepsilon}_{th} = \begin{Bmatrix} \varepsilon_x \\ \varepsilon_y \\ \varepsilon_z \\ \gamma_{xy} \\ \gamma_{xz} \\ \gamma_{yz} \end{Bmatrix} = \begin{Bmatrix} -\nu d\varepsilon_{th} \\ -\nu d\varepsilon_{th} \\ -d\varepsilon_{th} \\ 0 \\ 0 \\ 0 \end{Bmatrix} \tag{3.87}$$

式中：ν——泊松比。

$$\boldsymbol{F}_{thadd} = \int_V \boldsymbol{B}^T \boldsymbol{D} d\boldsymbol{\varepsilon}_{th} dV = \boldsymbol{B}^T \boldsymbol{D} \{d\boldsymbol{\varepsilon}_{th}\} V \tag{3.88}$$

式中：$\boldsymbol{B}$——由式(3.71)确定的单元形状的导数函数矩阵；

　　　$\boldsymbol{D}$——由式(3.72)确定的单元弹性特征矩阵。

第 4 章 土体冻结和融化简单问题解与实验及已知解比较

4.1 土体的一维和二维冻结问题

本章分析了已公开发表的关于冻结和融化土体问题的解析解以及数值解的研究结果，并与使用 Termoground 程序模块，将数值解与实验研究结果进行了对比。

为了验证所实施的冻结和融化土体模型的正确和可靠性，完成了问题求解，并展示了 Termoground 程序模块的功能。

将使用 Termoground 程序模块获得的数值结果与 Кроник Я. А 和 Демин И. И 于 1982 年发表的数值结果以及由 Лыков А. В 于 1968 年给出的关于深度上温度分布的所谓斯特藩 (Stefan) 问题的解析解结果进行了比较。在国外，这个问题被称为纽曼 (Neumann F.) 解。

首先，我们考虑了湿砂性土体冻结的问题，这是由 Кроник Я. А 在 1982 年分析计算的，其中考虑了负温度范围内水的相变。在土体表面上，设定恒定温度为 -5 ℃。砂土的初始温度为 0 ℃，土层湿度 $w = 0.20$。

Лыков А. В 在 1968 年给出了这类温度在深度上分布问题的精确解析解，即：

$$T_f = T_{surf} \left[1 - \frac{\text{erf}\left(\dfrac{y}{2\sqrt{a_f t}}\right)}{\text{erf}\left(\dfrac{\beta}{2\sqrt{a_f}}\right)} \right] \tag{4.1}$$

式中：T_f——温度在深度上的分布；

T_{surf}——土体表面温度；

erf——概率积分；

y——计算点距表面的深度；

a_f——冻土的热扩散系数；

β——比例系数，取值为 0.025182。

β 的值由式 (4.2) 确定：

$$\beta = \sqrt{\frac{2 \cdot \lambda_f \cdot T_{surf}}{L_0 \cdot w \cdot \rho \cdot \pi \cdot a_f}} \tag{4.2}$$

式中：λ_f——冻土的导热系数；

第4章　土体冻结和融化简单问题解与实验及已知解比较

L_0——每单位质量水冰相变的比热；

ρ——土体密度，为 1.6t/m^3。

在不同的时间点，温度在深度上的分布曲线分别如图4.1、图4.2所示。正如 Кроник Я. А 和 Демин И. И 在1982年所指出的那样，当温度接近于0℃时，FEM有限元法的解比解析解的曲线更为弯曲。弯曲是通过整个时间间隔内自由水的相变热"侵蚀"的影响来解释的。其中，开始冻结的温度为 $T_{bf} = -0.3$℃。

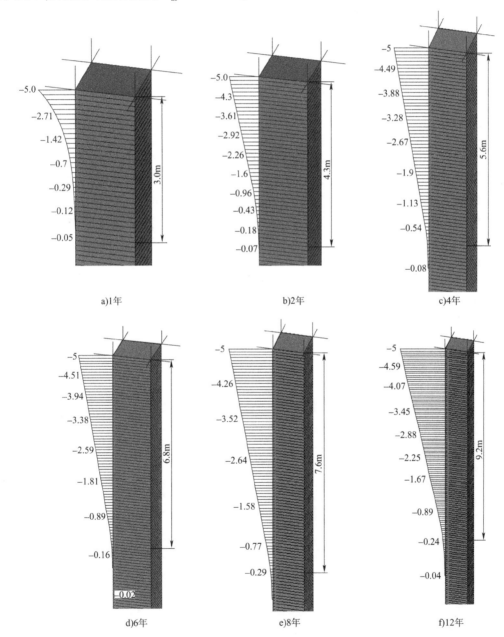

图4.1　使用 FEM Termoground 程度模块计算的砂性土在不同时间点的温度分布图(单位:℃)

从图4.2中可以看出，数值计算中的误差很小，数值和解析解实际上没有区别。

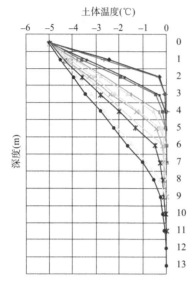
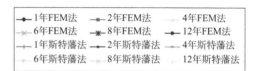

图 4.2 单向冻结温度沿深度分布图

在以下示例中,考虑到水的相变,对厚度为 10m 的湿砂性土体的冻结过程进行了模拟。冻结在上面和下面同时以恒定温度 $T_{surf}=-5℃$ 进行。土体的初始温度为 0℃,湿度 $w=0.20$。

这个问题在 Кроник Я.А 和 Демин И.И 于 1982 年发表的文章中有所描述。实际上,如果在两侧冻结的土体层的厚度是单侧冻结的土体层的厚度的 2 倍,则该问题类似上面提及的土体单侧冻结问题。

图 4.3 为在不同时间段内考虑和不考虑水变成冰相变的温度在深度上的分布图。在同一张图内给出了使用 Termoground 程序模块获得的数值结果与 Кроник Я.А 和 Демин И.И 于 1982 年的数值结果以及 Лыков А.В 于 1968 年给出的斯特藩(Stefan)问题关于深度温度分布的解析解结果的对比。

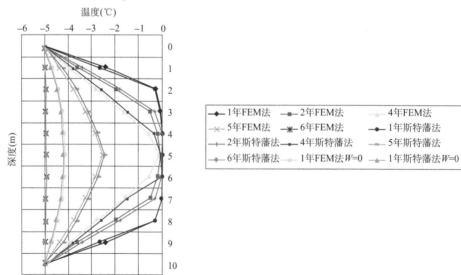

图 4.3 考虑不同因素条件下不同时间段内深度上的温度分布

图 4.4 为不同时间段内深度上的温度分布。

第4章 土体冻结和融化简单问题解与实验及已知解比较

由图 4.3 和图 4.4 可知,前 4 年冻结过程与图 4.1 及图 4.2 所示情况类似。

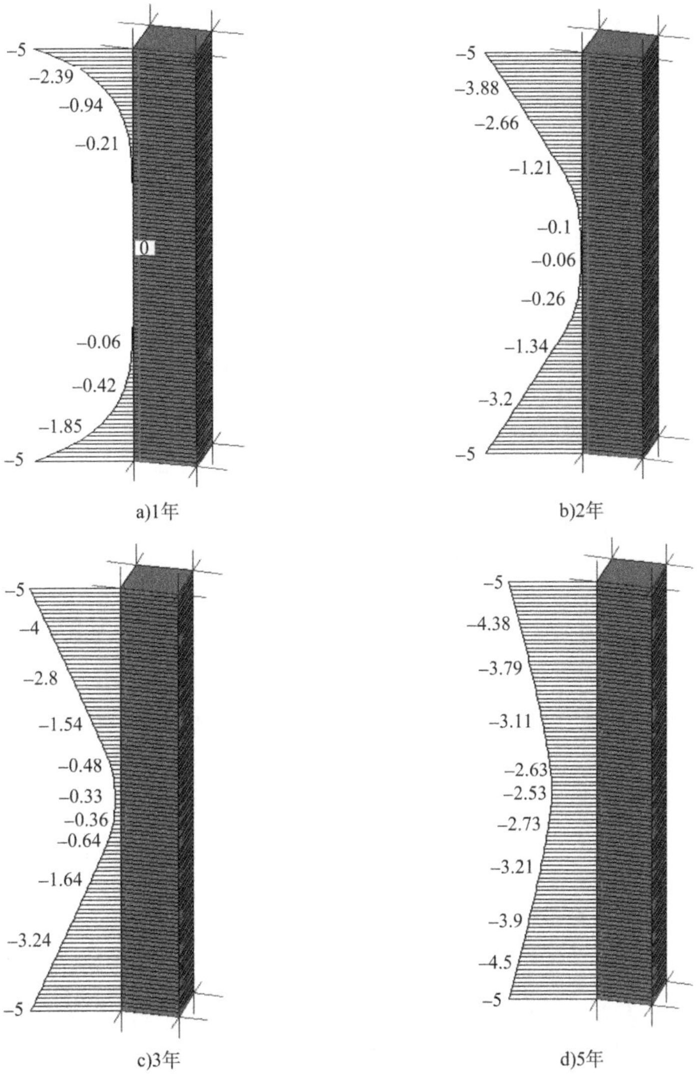

图 4.4　不同时间段内深度上的温度分布(单位:℃)

在所有自由水冻结后,冻结速度急剧增加,该图更接近于在不考虑相变的情况下在计算中获得的图。应该注意一个大的时间变化:如果土体湿度为 0,在上、下表面边界处 T_{surf} 为 -5℃ (准静态),在大约 1.5 年后完全冻结;那么考虑到具有相变的湿润土体时,仅在第 6 年完全冻结。Кроник Я. А 和 Демин И. И 在 1982 的数值实验中获得了这样的结果。

因此,FEM 的负温度范围内具有水的相变的热物理问题的数值模拟给出了相当准确的结果,可用于解决在冻结过程中确定温度场的实际问题。

4.2　在实验室条件下土样试件冻结过程边界条件模拟设置方法的影响评价

在解决热物理问题时,通常会给它们第一种边界条件,这对于计算大体积的土体是非常合理的。有趣的是将小型冻结试件中的温度测量实验数据与有限元计算模拟结果进行比较。为此,在实验室条件下,用亚黏土进行了实验,其中将温度传感器放置在准备好的土体试件中。试件的高度为 7.6cm,直径为 3.8cm,将试件置于恒定温度为 -10℃ 的冻结箱中。在进行单面和全面冻结时,根据测试结果,绘制了试件温度与时间的关系图。典型实验之一的结果如图 4.5 所示。

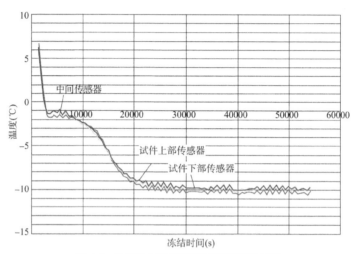

图 4.5 实验室全面冻结时温度与时间关系图

在用 Termoground 程序模块模拟试件的冻结时,由于试件的对称性,在计算中考虑了四分之一具有第一类边界条件的试件,如图 4.6 所示。根据《多年冻土的地基和基础》(СНиП 2.02.04—88),其附录的表格数据选用模型土体的热物理特性指标。

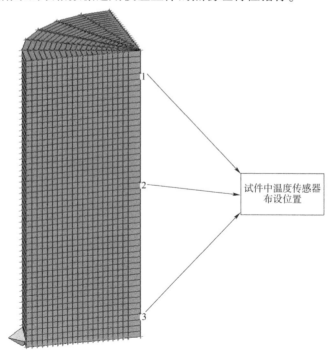

图 4.6 Termoground 程序模块热物理问题解的计算示意图

第4章　土体冻结和融化简单问题解与实验及已知解比较

单面冻结和全面冻结的测量和计算结果在图4.7中联合给出。

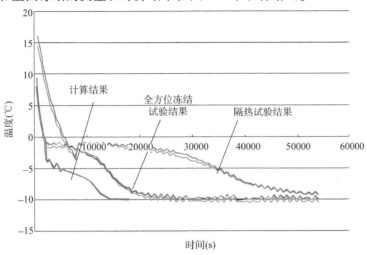

图4.7　在实验室条件下获得的冻土试件的实验结果与数值方法的比较

从图4.7可以看出,在实验室条件下,试件的冻结过程分为三个阶段。第一阶段是将试件冷却到孔隙中水的凝固点。第二阶段是将水转化为冰,然后由于相变而释放出热量。需要注意的是,在试件一维冻结的实验中,观察到温度跃变;而在全面冻结的情况下,实际上由于大气中(冷藏室中)热的散发较快而实际上并不明显。第三阶段是将试件进一步逐渐冷却到室内的稳定温度。比较计算曲线和实验曲线,我们可以从视觉上确定,计算出的试件温度变化以比实际温度更快的速度进行,并且当指定了第一类边界条件时,有时结果与实验相差2倍或更多。

对于实验室结果和数值实验结果之间的差异,需要通过有限元计算程序进行修正。最明显的问题是边界条件类型的变化。在这方面,我们用第三种边界条件(对流热交换发生在土体表面与大气的接触处)进行计算,这被认为最适用于这种情况。实验中,使用了不同的传热系数值进行了一系列计算。与实验计算结果最接近的结果如图4.8所示。

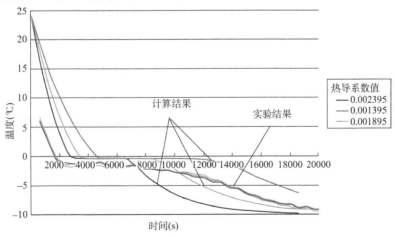

图4.8　全面冻结土试件的实验结果与第三类边界条件数值方法的比较

因此我们可以建议,要解决冻结小试件的问题,使用第三种边界条件更为正确。在这情况下,热导系数在 0.0014～0.0019W/(cm²·℃)的范围内。可以看到,所获得的传热系数值实际上与Максимов И. А 于 1988 年获得的数据一致。

4.3 一维温度分布的平稳问题

我们将使用 Termoground 程序模块计算温度分布的结果与使用加拿大 TEMP/W 软件包(Software TEMP/W,1995—2003)计算得到的结果进行比较。作为测试问题,需要考虑一维热通量的问题。解的分析形式可以通过热通量分布基本定律获得。考虑使用 Termoground 程序模块和 TEMP/W(Software TEMP/W,1995—2003)的解结果以及解析解的结果。

问题的陈述、几何形状和计算简图的有限元离散化如图 4.9 所示。水平土体层长 10m,分为 100 层,每层厚度 0.1m,各向同性,热导率 $\lambda = 1.0 J/(cm \cdot ℃)$。在数值解中,没有将冻结过程中土体水分的变化与稳定的解析解进行修正比较,因此解决该问题,没有考虑水的相变。问题的边界条件定义如下:左侧,边界处的温度 $T_{surf}=5.0℃$;右侧 $T_{surf}=-5.0℃$。

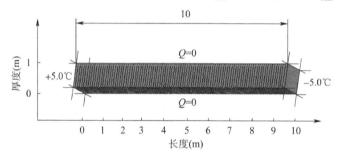

图 4.9 Termoground 程序模块热流分布三维计算模型

基于穿过土体层的热通量分布的三维定律的热通量表达式具有以下形式:

$$Q = -\lambda \frac{\Delta T}{\Delta Z} V \tag{4.3}$$

式中:Q——热通量;
  λ——土体热导;
  T——土体温度;
  Z——距离;
  V——热流体积。

式(4.3)中的负号表示热通量从较高的温度到较低的温度发生变化(图 4.9,从左到右)。

使用以下值和式(4.3)进行数值计算:$\lambda = 1.0 J/(cm \cdot ℃)$;$\Delta T = -10.0℃$;$\Delta Z = 10.0m$;$V = 1.0m^3$。在这种解决问题的条件下,热通量恒定为 $Q = 1.0 J/s$。

图 4.10 所示为 1 年的土体温度沿长度分布图。

可以看到在第 8 个月,温度分布达到对应于解析解的稳定状态。

为了三维热流温度分布的稳定状态,对式(4.3)进行转换,可得:

$$T = 5 - \frac{Q \cdot Z}{\lambda \cdot V} \tag{4.4}$$

第4章 土体冻结和融化简单问题解与实验及已知解比较

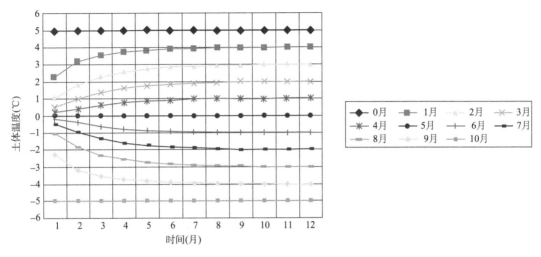

图4.10 1年中土体温度沿长度分布图

因为值 Q, λ, V 均等于1,由于初始参数的替换,式(4.4)可简化为:

$$T = 5 - Z \tag{4.5}$$

式(4.5)表明,沿层的温度分布从左到右线性减少,如图4.11所示。

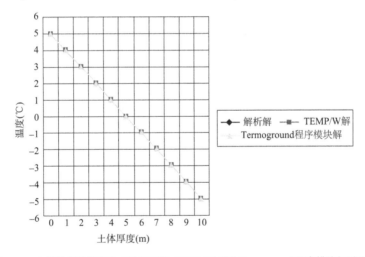

图4.11 土体温度沿深度分布的解析解、TEMP/W 解及 Termoground 程序模块解对比图

由此可知,TEMP/W 软件包和 Termoground 程序模块的计算结果与稳态期间的解析解的结果相互一致。

4.4 一维冻结和融沉过程模拟

土体的冻结和融化过程分析,作为一个测试验证,进行了与 Nixon J. F 和 McRoberts E. C 于1973年按斯特藩理论做出的解析解和 TEMP/W 软件包做出数值解的对比分析。获得斯特藩解需要已知下列参数:λ_f——冻土的导热系数;C_{th}——融化土体的体积热容;C_f——冻土的体积热容;L_0——每单位质量水冰相变的比热;T_g——初始土体温度;T_{surf}——土体表面的常温。

在测试算例中,采用了下列参数值:融化和冻结土体的热导率 $\lambda = 0.1 \text{MJ}/(\text{日} \cdot \text{m} \cdot \text{℃})$;融化和冻结体积热容量 $C = 2 \text{MJ/m}^3$;土体含水率 $w = 1.0$;土体表面温度 $T_{\text{surf}} = 5.0\text{℃}$;解冻的土体温度 $T_{\text{th}} = 0\text{℃}$;冻结土体温度 $T_f = -3.0\text{℃}$;水冰相变的比热 $L_0 = 334 \text{MJ/M}^3$。

冻结和融化问题在 1860 年由 Neumann 首次进行了研究,1947 年 H. S. Carslaw 和 J. C. Jaeger 进行了详细研究,得到以下公式:

$$Z = \alpha \sqrt{t} \tag{4.6}$$

式中:Z——冻结或者融化面深度;

α——土性和边界条件函数系数;

t——冻结或者融化时间。

α 与各种热物理参数的关系由以下表达式确定:

$$\frac{\alpha}{2(a_{\text{th}})^{0.5}} = f\left\{\text{Ste}\left[-\frac{T_g \lambda_f}{T_{\text{surf}} \lambda_{\text{th}}}\left(\frac{a_{\text{th}}}{a_f}\right)^{0.5}\right]\right\} \tag{4.7}$$

式中:a_{th}、a_f——分别为融化和冻结的土体的热扩散系数,即土体的热导率与土体的体积热容之比;

Ste——斯特藩数,由释放到相变比热中的热系数表示。

a_{th}、a_f 按式(4.8)进行计算是:

$$\left.\begin{array}{l} a_{\text{th}} = \dfrac{\lambda_{\text{th}}}{C_{\text{th}}} \\ a_f = \dfrac{\lambda_f}{C_f} \end{array}\right\} \tag{4.8}$$

Ste 可按下式进行计算:

$$\text{Ste} = \frac{C_{\text{th}} T_{\text{surf}}}{L_0} \tag{4.9}$$

图 4.12 所示为 Nixon J. F 和 McRoberts E. C 获得的 Neumann 解。

4.4.1 融化面随时间变化计算

为了计算融化面,取 $a_{\text{th}} = a_f$ 和 $\lambda_{\text{th}} = \lambda_f$,那么,参数 $-\dfrac{T_g \lambda_f}{T_{\text{surf}} \lambda_{\text{th}}}\left(\dfrac{a_{\text{th}}}{a_f}\right)^{0.5}$ 将等于 $-\dfrac{T_g}{T_{\text{surf}}}$。对于融化情况,有 $T_{\text{surf}} = 5\text{℃}$ 和 $T_g = -3\text{℃}$。进而,系数值为:

$$-\frac{T_g}{T_{\text{surf}}} = \frac{-(-3)}{5} = 0.6$$

那么变量 Ste 值为:

$$\text{Ste} = \frac{C_{\text{th}} T_{\text{surf}}}{L_0} = \frac{2.0 \times 5}{334} = 0.03$$

应用这两个参数,在图 4.12 中便可确定融化温度值 $\dfrac{\alpha}{2(a_{\text{th}})^{0.5}} = 0.1$。那么,即可得出 α 值:

$$\alpha = 2\sqrt{a_{\text{th}}} \times 0.1 = 2\sqrt{0.05} \times 0.1 = 0.045$$

此时,融化表深度即可由式(4.6)确定。

第4章 土体冻结和融化简单问题解与实验及已知解比较

应用 Termoground 程序模块,该问题的求解计算结构如图 4.13 所示。

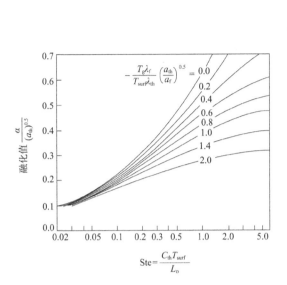

图 4.12 Neumann 解

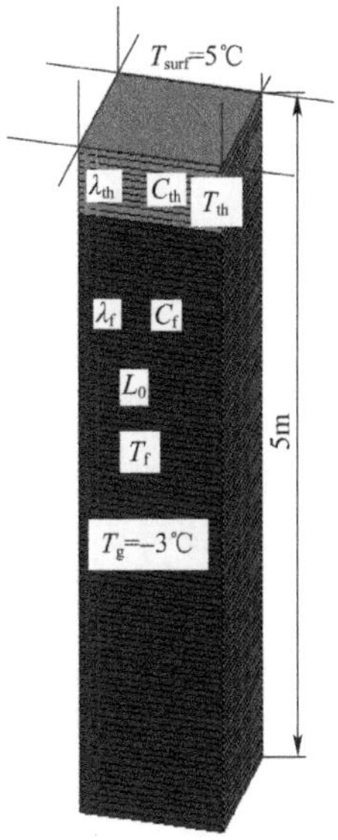

图 4.13 应用 Termoground 程序模块
模块融化过程计算图

图 4.14 为融化过程不同时间土体深度的土体温度变化图。

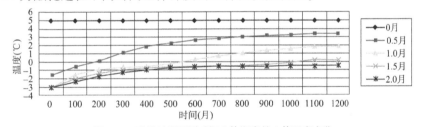

图 4.14 融化过程不同时间土体深度的土体温度变化

融化深度和深度土体温度分布如图 4.15 所示。

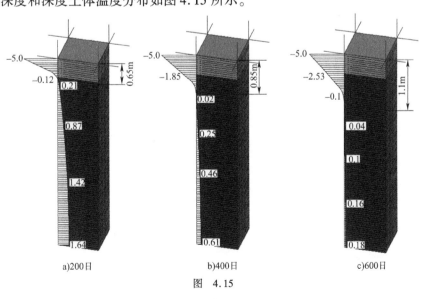

a) 200日   b) 400日   c) 600日

图 4.15

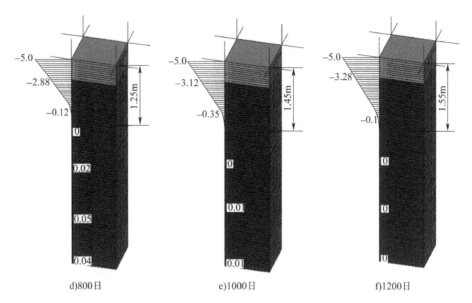

图 4.15 融化深度和深度土体温度分布(单位:℃)

图 4.16 为使用 TEMP/W 软件包和 Termoground 程序模块及解析解的计算结果对比。

该图比较了融化面深度对时间的关系。这三种计算方法实际上都是相同的。

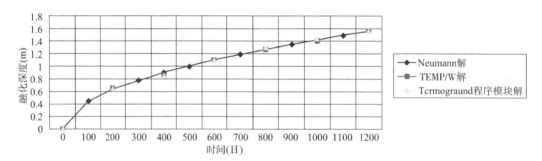

图 4.16 融化面随时间变化的 Neumann 解、TEMP/W 解及 Termoground 程序模块解对比图

4.4.2 冻结面随时间变化计算

为了计算冻结面随时间变化情况,设定 $a_{th} = a_f$ 和 $\lambda_{th} = \lambda_f$。此时,参数 $-\dfrac{T_g \lambda_f}{T_{surf} \lambda_f}\left(\dfrac{a_{th}}{a_f}\right)^{0.5}$

将等于 $-\dfrac{T_g}{T_{surf}}$。对于冻结情况,有 $T_{surf} = -5℃$ 和 $T_g = 3℃$。进而,系数值为:

$$-\frac{T_g}{T_{surf}} = \frac{-3}{-5} = 0.6$$

那么变量 Ste 值为:

$$\text{Ste} = \frac{C_{th} T_{surf}}{L_0} = \frac{2.0 \times (-5)}{-334} = 0.03$$

第4章 土体冻结和融化简单问题解与实验及已知解比较

应用这两个参数,在图 4.12 中便可确定融化温度值 $\dfrac{\alpha}{2(a_{th})^{0.5}} = 0.1$。那么,即可得出 α 值:

$$\alpha = 2\sqrt{a_{th}} \times 0.1 = 2\sqrt{0.05} \times 0.1 = 0.045$$

此时,冻结面深度即可由式(4.6)确定。

应用 Termoground 程序模块,该问题的求解计算结构如图 4.17 所示。

图 4.18 为冻结过程不同时间土体深度的土体温度变化图。

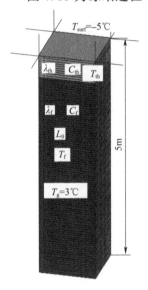

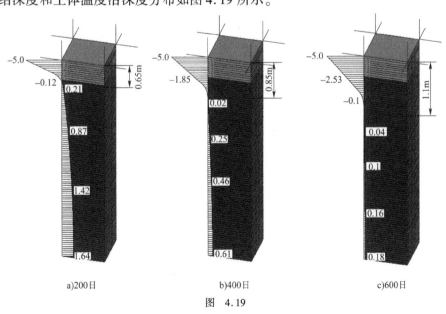

图 4.17 应用 Termoground 程序模块冻结过程计算图

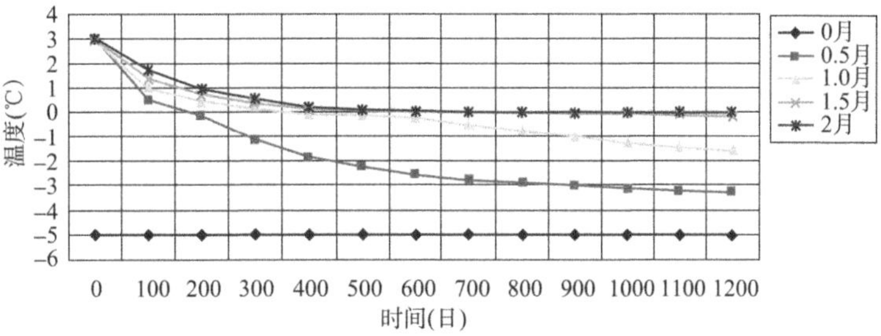

图 4.18 冻结过程中不同时间土体深度的土体温度变化

冻结深度和土体温度沿深度分布如图 4.19 所示。

a) 200日   b) 400日   c) 600日

图 4.19

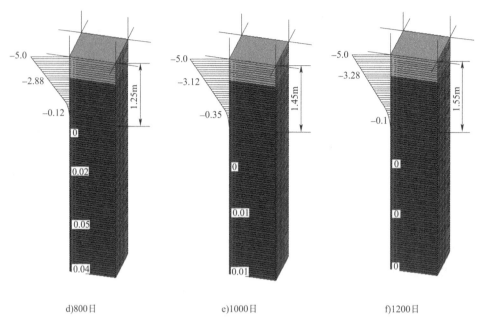

图4.19 冻结深度和土体温度沿深度分布(单位:℃)

图4.20为使用TEMP/W软件包和Termoground程序模块及解析解的计算结果的对比。该图比较了冻结面深度与时间的关系,这三种计算方法实际上都是相同的。

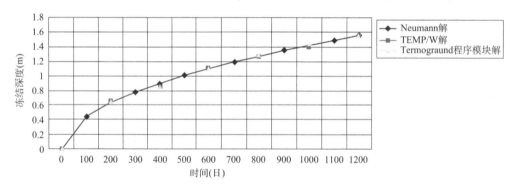

图4.20 冻结面随时间变化的Neumann解、TEMP/W解及Termoground程序模块解对比图

4.5 融化过程的地温分析

加拿大的Hwang C.T等人于1972年发表的论文是首先通过有限元方法解决热物理问题的文章之一,其中考虑了水到冰的相变。在Hwang C.T的解中,研究了5m厚度的冻土层融化的问题。该研究中,冻土的初始温度为$T_g = -2$℃,表面温度$T_{surf} = 5$℃。土体的热物理性质如下:融化和冻结的土体的热导率$\lambda_{th} = 10^3 J/(h \cdot m \cdot ℃)$,融化和冻结的土体的体积热容量$C_{th} = 10^6 J/(m^3 \cdot ℃)$。土体密度$\rho = 1t/m^3$,湿度$w = 1.0$。水冰相变的比热$L_0 = 5 \times 10^7 J/m^3$。

Hwang C.T求解所得不同时间的融化深度见表4.1。Hwang C.T求解的融化深度也可

第4章 土体冻结和融化简单问题解与实验及已知解比较

以由图 4.12 确定。

为了计算融化面,取 $a_{th} = a_f$ 和 $\lambda_{th} = \lambda_f$。那么,参数 $-\dfrac{T_g \lambda_f}{T_{surf} \lambda_{th}} \left(\dfrac{a_{th}}{a_f}\right)^{0.5}$ 将等于 $-\dfrac{T_g}{T_{surf}}$。对于冻结情况,有 $T_{surf} = 5℃$ 和 $T_g = -2℃$,则系数值为:

$$-\frac{T_g}{T_{surf}} = \frac{-(-2)}{5} = 0.4$$

那么变量 Ste 值为:

$$\text{Ste} = \frac{C_{th} T_{surf}}{L_0} = \frac{10^6 \times 5}{5 \times 10^7} = 0.1$$

应用这两个参数,在图 4.12 中便可确定融化温度值 $\dfrac{\alpha}{2(a_{th})^{0.5}} = 0.2$。那么,即可得出 α 值:

$$\alpha = 2\sqrt{a_{th}} \times 0.1 = 2\sqrt{\frac{10^3}{10^6}} \times 0.2 = 0.0126$$

此时,冻结面深度即可由式(4.6)确定。

为了分析融化过程,可采用下列指标:按 Hwang C.T 理论,取冻结面积变化的指标(未冻结水的垂直逐步等效函数);按 TEMP/W 采用的理论,取土体冻结温度范围内未冻结水的斜率函数;按 Termoground 程序模块采用的理论,取在负温度范围内未冻结水量变化函数。我们认为,后者的未冻结水量指标相比冻结面积变化指标具有更清晰的物理意义。

在 Termoground 程序模块,该问题用厚度为 5m 的土体、初始温度为 $T_g = -2℃$ 来模拟,如图 4.21 所示。土体表面温度为常量 $T_{surf} = 5.0℃$。

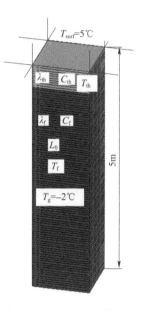

图 4.21 Termoground 程序模块融解过程计算图

表 4.1 中列出了 4 种方法(Hwang C.T 有限元法、TEMP/W 软件包、Termoground 程序模块及解析解的计算结果)的冻结深度计算结果。融化深度值对应 3 个时段:5 日、66 日和 263 日。对各类方法计算结果进行对比,可以发现其结果互相完全吻合。

不同方法融化深度计算结果对比　　　　表 4.1

作用时间	融化深度(m)			
	Hwang C.T 有限元法解	TEMP/W 解	Termoground 程序模块解	解析解
126h(5 日)	0.1	0.14	0.14	0.14
1580h(66 日)	0.4	0.49	0.50	0.50
6310h(263 日)	0.9	0.92	0.95	1.00

对于所有三个有限元解,在不同时间段的温度沿深度分布都是相同的,只有在最后一个时间步长(6310h)能够发现温度分布的细微差异,如图 4.22 所示。

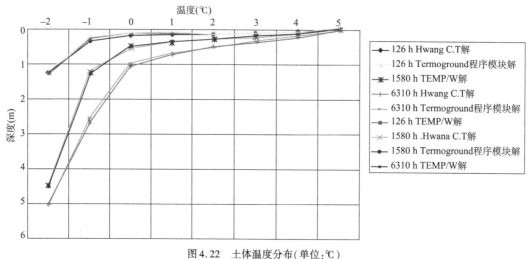

图 4.22　土体温度分布(单位:℃)

图 4.23 给出了使用 Termoground 程序模块对融化过程在不同时间点的温度沿深度分布数值分析结果。

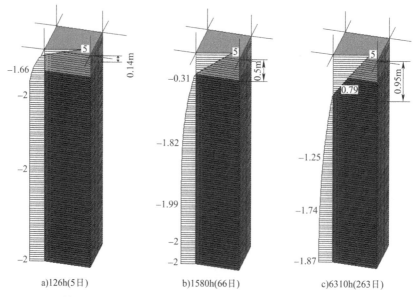

a)126h(5日)　　　　b)1580h(66日)　　　　c)6310h(263日)

图 4.23　Termoground 程序模块计算土体温度分布结果(单位:℃)

4.6　温暖建筑物下冻土的融化过程分析

在加拿大学者 Hwang C.T 等于 1972 年发表的文章中,给出了温暖建筑物下多年冻土的退化案例。我们用 TEMP/W 和 Termoground 程序模块的计算结果与之对比分析。

土体的温度从表面上的 -2℃到深度为 60m 处的 0℃不等。由于数值解的对称性,考虑建筑物 40m 宽的一半,建筑物内的温度为 15.5℃,建筑物外表面的平均温度为 -1.94℃。多年冻土退化分析的计算简图如图 4.24 所示。表 4.2 给出了多年冻土退化时地基土的热物理特性。

第4章 土体冻结和融化简单问题解与实验及已知解比较

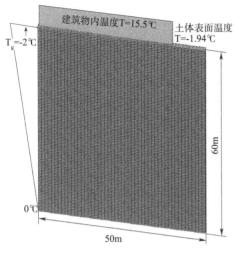

图4.24 Termoground 程序模块多年冻土融化过程分析计算图

多年冻土退化时地基土的 表4.2
热物理特性

土体特性	冻　结	融　化
热导[K/(h·m·℃)]	2×10^3	1×10^3
干土密度(T/m³)	1.31	1.31
体热容[K/(m³·℃)]	3.8×10^5	6.3×10^5
水冰相变比热(K/m³)	8×10^7	—
土体湿度	0.18	0.18

由于 Hwang C.T 并未考虑在负温度范围内改变未冻结水量的函数,而是以与 TEMP/W 和 Termoground 程序模块不同的方式来描述冻结区域变化的指标(未结冰水的垂直逐步等效函数),因此在计算中必须作出一些假设。

在确定融化面深度的有限元解中,采用了下列条件:根据 Hwang C.T 理论,冻结面积的变化率等于在湿度 $w = 0.18$ 时未冻结水量改变的函数。这使得根据 Hwang C.T 理论比较沿建筑物对称轴的融化深度和根据 TEMP/W 和 Termoground 程序模块的理论比较地基土体温度的等值线成为可能。

图4.25～图4.29 分别给出了使用 Termoground 程序模块计算出的建筑物在不同时间点的多年冻土等值线和温度图以及融化盆。图4.30 所示为使用各类方法所得不同时刻建筑物地基温度沿深度分布图。

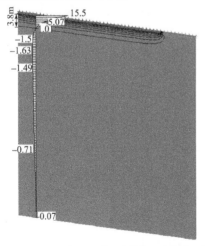

图4.25 1.0×10^4h(1.1年)建筑物下多年冻土等值线和温度图以及融化盆(单位:℃)

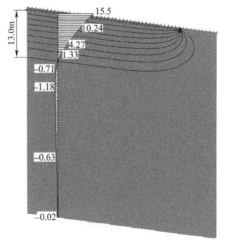

图4.26 1.0×10^5h(11年)建筑物下多年冻土的等值线和温度图以及融化盆(单位:℃)

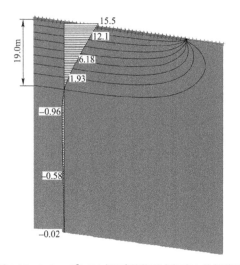
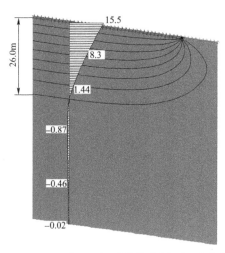

图 4.27 2.2×10^5 h(25年)建筑物下多年冻土的等值线和温度图以及融化盆(单位:℃)

图 4.28 4.0×10^5 h(46年)建筑物下多年冻土的等值线和温度图以及融化盆(单位:℃)

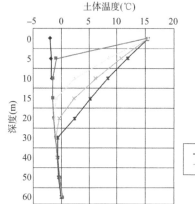

图 4.29 使用各类方法所得不同时刻建筑物地基温度沿深度分布图

由以上图可以看出,大量结果与 Hwang C.T 法和 TEMP/W 法的有限元程序计算结果吻合,见表 4.3。

建筑物下多年冻土融化深度　　　　　　　　表 4.3

融化时间	对称轴上融化深度(m)		
	Hwang C.T 法	TEMP/W 法	Termoground 程序模块法
1.0×10^4 h(1.1年)	4	3.8	3.8
1.0×10^5 h(11年)	13	13.0	13
2.2×10^5 h(25年)	19	19.3	19
4.0×10^5 h(46年)	24	26.0	26

4.7　管道周边土体冻结过程分析

Coutts R.J 和 Konrad J.M 在 1994 年对埋入 2 年的管道土体冻结进行了有限元计算分

第4章　土体冻结和融化简单问题解与实验及已知解比较

析。我们将其研究结果与 TEMP/W 和 Termoground 程序模块的计算结果进行对比。

管道直径 30cm，埋入土中 30cm。土体表面温度为恒温 $T_{surf} = 3.0℃$。管道内表面温度设定为 $-2.0℃$，土体初始温度 $T_g = 3.0℃$。采用土体的热物理参数列于表 4.4，有限元模型如图 4.30a)所示。

土体的热物理参数　　　　表 4.4

土类别	冻结	融化
热导[MJ/(s·m·℃)]	0.15552	0.12960
体热容[MJ/(m³·℃)]	1.95	1.95
水-冰相变比热(MJ/m³)	334	—
土体湿度	0.3772	0.3772

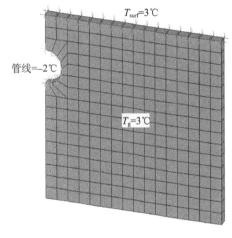

a)有限元模型　　　　b)Coutts法和Konrad法计算结果

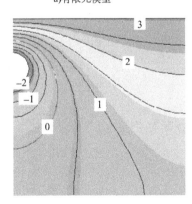
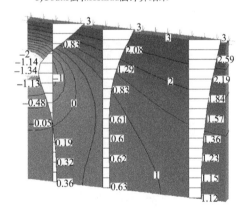

c)TEMP/W法计算结果　　　　d)Termoground程序模块计算结果

图 4.30　运行两年的管线周边土体温度分布

考虑到水到冰相变热量是土体中未冻结水含量的函数，应用了 3 种有限元分析方法。求解的时间点是 730 日(2 年)。

表 4.5 中对比了运行 36 日后的管线周边土体冻结面边界三维有限元解。

管道周边冻结面边界三维有限元解　　　　　　　表4.5

位　置	冻结面距管线距离(m)		
	Coutts法和Konrad法	TEMP/W法	Termoground程序模块法
管线下	0.60	0.58	0.6
管线右侧	0.23	0.22	0.24

图4.30b)～图4.30d)分别给出了管线周边土体冻结Coutts法和Konrad法、TEMP/W法及Termoground程序模块的有限元计算结果(地基土中温度等值线图)。可以看出,3种方法得到的结果基本是一致的。

4.8　与冻结和融化相关的土体变形计算

发生在非均质的潮湿地基土体的冻结和融化是一个复杂的热力学过程。评估与冻结和融化有关的土体变形是岩土工程学最困难的任务之一。上述问题求解的主要困难是需要考虑冻结和融化地基土体状态的变化以及介质的热物理特性,因此,其解是非线性的。另外,在冻结和融化期间,伴随着温度场的变化,水分也会向冻结面迁移。

根据《土体冻胀程度实验室测试方法》(ГОСТ 28622—90)的方法,可以对土体的冻胀垂直变形进行实验室模拟实验。在进行实验时,必须考虑冻胀大的相对变形对土体冻结速度的依赖性,因为冻胀的过程主要是由于水分从地下水位向冻结面迁移所致。冻结面的移动速度越慢,迁移到冻结区域的水分就越多,进而冻胀变形也就越大。

为了研究冻结和融化过程中土体试件的变形过程,阿尔汉格尔斯克国立技术大学(АГТУ)的工程地质、地基和基础教研室开发并成功使用了一种设备,该设备可以任意速度冻结土体试件,确定不同方向的冻胀变形,以及控制冻结面停止用以观察冰夹层的生长(Невзоров А. Л,2000年)。该设备的实物图和示意图如图4.31所示。

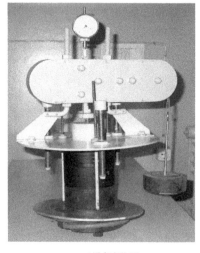 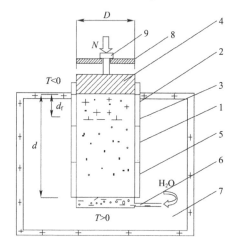

a)设备实物图　　　　　　　　　　　　b)设备示意图

图4.31　设备实物图和示意图

1-土体试件;2-土体冻结面;3-环刀上环;4-活塞;5-多控介质;6-供水管;7-加热箱;8-固定带孔板;9-立柱

第4章 土体冻结和融化简单问题解与实验及已知解比较

该设备放置在冻结箱中。在实验过程中,封闭在槽中的试件以一定速度从隔热容器中升起并逐渐冻结。如果冰箱中的温度保持在 $-5 \sim -7$℃,加热箱中的温度保持在 $3 \sim 5$℃,则上端温度将接近 -4℃;冻结面将保持在加热箱顶部,冻结速度将由试件上升速度控制(Невзоров А. Л,2000 年)。土体试件放置在叠置环刀内,以确定水平冻胀值。

在此条件下,进行了在各种垂直压力下、冻结速度 $v_f = 1 \text{cm}/$日的土体试件冻结和融化过程研究的一系列实验。将直径为 100mm、高度为 150mm 的试件冻结至 $d_f = 50\text{mm}$。冻结箱中的温度保持等于 $T = -5$℃,设备中的温度保持 $T = 4$℃。

图 4.32 所示为一系列冻融实验获得的垂直压力与冻结和融化的相对垂直和水平变形关系图。

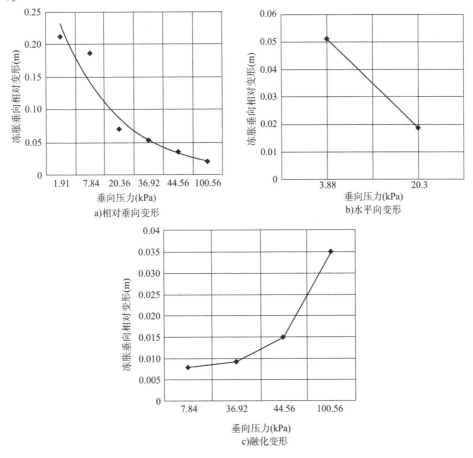

图 4.32 垂直压力与冻结和融化的相对垂直和水平变形关系图

从图 4.32 中可以看出,实验土体冻胀的相对垂直变形的最大值达到了 $\varepsilon_{fh} = 0.25\text{m}$。随着垂直压力的增加,冻结的相对垂直变形在 $p = 100\text{kPa}$ 时减小到 $\varepsilon_{fh} = 0.02\text{m}$,这与以前的研究结果非常吻合(Пусков В. И 等人,1991 年,Швец В. Б,1993 年,Карлов В. Д,2000 年)。在不同的垂直压力下,冻胀的相对水平变形值为 $\varepsilon_{fh}^{\text{horizontal}} = 0.02 \sim 0.05\text{m}$。实验中冻土融化的相对垂直变形值为 $\varepsilon_{th} = 0.01 \sim 0.035\text{m}$。这项研究的结果表明,在预测季节性冻土上结构物的运行时,必须考虑冻胀的各向异性。

使用 Termoground 程序模块通过有限元方法对 АГТУ 进行的一项实验进行了数值模拟。

图 4.33a)所示为土体试件的冻结、冻胀及融化实验的模拟计算图。求解分两个阶段进行：首先，求解考虑水分向冻结面的迁移来求解冻结问题；然后，将获得的时空中的温度和湿度分布转换为模块的初始数据，以计算冻结和解冻过程中土体的应力-应变状态。对取自阿尔汉格尔斯克市一个项目的半固态亚黏土进行了研究。实验前的亚黏土具有以下特征：土体密度 $\rho = 2.08\text{g/cm}^3$；自然湿度 $w = 0.192$；液限为 $W_L = 0.296$；塑限为 $W_p = 0.171$；液性指数 $I_L = 0.15$；塑性指数 $I_p = 0.13$。

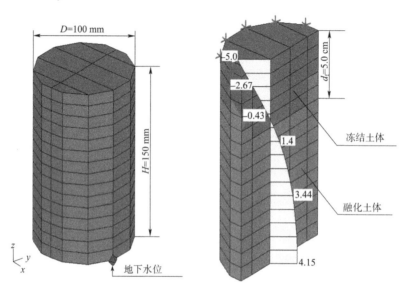

a)实验数值模拟模型　　　　b)冻结结束时刻土体温度分布(单位：℃)

图 4.33　Termoground 程序模块建模

根据土体的湿度和干密度，按建筑行业标准《多年冻土地基与基础设计规范》(СНиП 2.02.04—88)获取土体的热物理指标见表 4.6。

土体的热物理指标　　　　表 4.6

土层名称	ρ_d (t/m³)	w_{tot}	w_p	T_s (℃)	T_{bf} (℃)	$T_{a.c}$ (℃)	T_f (℃)	λ_{th} kJ/(h·m·℃)	λ_f kJ/(h·m·℃)	C_{th} kJ/(m³·℃)	C_f kJ/(m³·℃)	L_0 (kJ/m³)
半固态亚黏土	1.74	0.192	0.171	4	−0.3	−0.5	−7	4.788	5.436	2310	2140	335

将高 130mm、直径为 100mm 的试件，在外部压力 $p = 20.36\text{kPa}$ 下冻结。试件的冻结速度为 $v_f = 1\text{cm/日}$。当试件冻结至约 50mm 的深度时，实验结束。

图 4.34a)显示了水分迁移到冻结面的冻结过程的模拟结果。计算出的冻结深度等于实验值($d_f = 5\text{cm}$)。

图 4.34b)所示为冻结试件中土体湿度分布图。由于冻结过程中的水分迁移，该水分增加了 79%。冻结过程中试件总湿度的增加导致实验中的冻胀变形达到 3.5mm。根据该实验的数值模拟结果，冻结试件的冻胀值为 4.2mm；数值实验与实验室实验结果之间的差值达 17%。在给定的边界条件下，冻结试件融化时，实验结果和数值实验模拟结果几乎相同，冻胀的试件返回到其冻结过程之前的初始位置。

第4章 土体冻结和融化简单问题解与实验及已知解比较

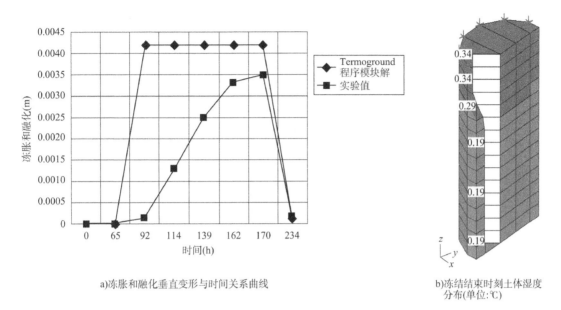

a)冻胀和融化垂直变形与时间关系曲线

b)冻结束时刻土体湿度分布(单位:℃)

图4.34 冻结结束时刻的冻胀和融化垂直变形与时间关系曲线与土体湿度分布

数值实验模拟结果与实验室实验结果的比较表明,以上关于冻土的实验室研究和数值研究可以使我们能够以达到实用为目的的足够精度去评估冻胀危险土体的冻结和冻胀过程。

4.9 冻胀各向异性系数对冻结过程中土体变形的影响评估

在季节冻结深度较大的地区,结构使用遇到了冻胀产生的水平变形对冻结土体的应力-应变状态的影响问题。这些变形仍未被完全研究清楚,并且没有量化这些变形的规范性文件。在季节性冻土领域的岩土工程中,唯一的成果——在结构变形的计算中考虑了冻结各向异性是众所周知的(Полянкин Г. Н,1982年;Пусков В. И,1972年和1993年;Сахаров И. И,1995年)。

Парамонов М. В 于2012年在圣彼得堡国立土木建筑大学(СП6ГАСУ)的实验室中研究了黏土的冻胀各向异性与温度、湿度和黏土颗粒的含量的关系。实验是在 $-5 \sim -15℃$ 的温度范围、$0.2 \sim 0.3$ 的湿度范围和 $0.053 \sim 0.277$ 的可塑性指数区间内进行的。根据实验结果,得出各向异性系数与所研究因素的相关性,其形式为:

$$\Psi = -2.4 - 0.1 \times T + 3.3 \times W + 0.06 \times Ip\psi = -2.4 - 0.1T + 3.3W + 0.06I_p \quad (4.10)$$

作者将实验室实验结果与数值计算结果进行了比较。此外,在计算中,设置各向异性系数的零值和以式(4.10)计算得出的值。

下面给出了一个计算和测量的水平,以及垂直和体积变形对比的示例,分别如图4.35和图4.36所示。

线性应变的实验值与根据式(4.10)计算的冻结各向异性系数之间的相对差没有超过 $25\% \sim 30\%$,而对于各向异性系数为0的相对误差达到 $50\% \sim 70\%$。

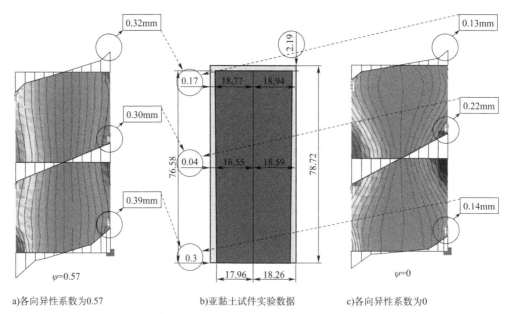

图 4.35 各向异性系数对水平位移影响的比较(尺寸单位:mm)

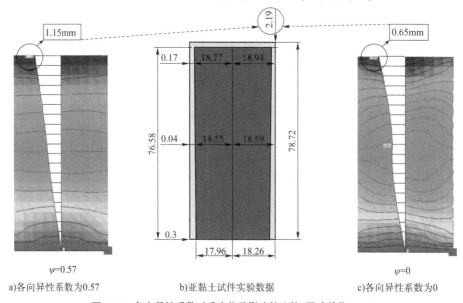

图 4.36 各向异性系数对垂直位移影响的比较(尺寸单位:mm)

表 4.7 给出了计算和测量的体积变形的比较结果。从表中可以确认冻胀的各向异性系数显著影响了冻胀的体积应变。例如,对于各向异性系数等于 1.3 的黏土试件,根据数值计算的结果,体积应变为 11.75%;而各向异性系数等于 0 的,仅为 3.91%。在实验室实验结果中,试件的体积变形为 11.94%,可以注意到各向异性系数的结果准确性更高。当 $\Psi=1.3$ 时,体积变形的相对误差仅仅为 1.5%;而当 $\Psi=0$ 时,体积变形的相对误差却达到了 66%。对于亚黏土,同样当 $\Psi=0.57$ 时,体积变形的相对误差为 13%;而当 $\Psi=0$ 时,体积变形的相对误差达 45%;对于亚砂土,当 $\Psi=-0.2$ 时,体积变形的相对误差为 5.5%;而当 $\Psi=0$ 时,体积变形的相对误差为 29%。

第4章　土体冻结和融化简单问题解与实验及已知解比较

冻胀体积变形实验和计算结果对比　　　表4.7

土类别	湿度 w	温度 T(℃)	塑性指数 I_p	各向异性系数 Ψ	体积变形(%) 实验室实验结果	考虑 Ψ	$\Psi=0$
黏土	0.3	−10	27.7	1.3	11.9365	11.75	3.911
亚黏土	0.3	−10	16.3	0.57	4.64839	5.385	2.916
亚砂土	0.3	−10	5.3	−0.2	3.14629	3.33	2.35

4.10　法向冻胀力评估

根据 Морарескул Н. Н 于1949年首次得出的实验结果,研究了冻胀的法向力。为此,他与 Далматов Б. И 一起设计了一种装置并开发了一种研究方法,其主要成果为有关用于测试土体冻胀方法的现行规范性文件(ГОСТ 28622—90)奠定了基础。

对在列宁格勒普尔科沃地区(Пулково)选择的带状黏土进行了法向冻胀力的实验研究。这种土体具有细的分层:厚几毫米的黏土层与主要由较粗分散的土体——粉质淤泥土层交替,这些夹层的厚度也为几毫米。根据结构分类,包括71%的粉土颗粒和25%的黏土土粒的带状黏土也可归类为重粉质亚黏土。将该土体试件与水混合至湿度为0.50。

将该试件移至冷冻箱中,并安装在杠杆压力机下。试件放置在温度为 −12℃、−8℃、−4℃冷冻箱内,土体试件逐渐冷却,并在上层冻结时开始膨胀。当土体的法向冻胀力不超过施加在活塞上的负载时,活塞保持静止。当冻胀力超过外部压力时,活塞开始向上移动。在 $\varepsilon_f \leq 0.01 \sim 0.02$ mm 活塞上升的最初时刻,冻胀力与荷载相当。当冷冻深度达到6~7cm时,实验终止。试件的完全冻结可以导致设备试管中的水冻结。

Морарескул Н. Н 在他的文章中指出,法向冻胀力的实验研究相当费力且耗时的。为了在冷冻室内保持恒温,需要确保制设备24h不间断运行。从冷却开始算起,实验时间长达12~30h,且每10~15min对8种设备(质量和热敏电阻)进行计数。在确定法向冻胀力时,总计进行了约12000次测量和计算。此外,在研究土体性质及降低负温度时确定未冻结水量,进行了约2000次测量和计算。

进行实验研究的目的有如下两点:

(1)建立法向冻胀力与外部因素的高质量对应关系。

(2)验证在有限体积条件下土体冻结内部过程的理论假设。

本书作者对其中一个实验结果,与使用 Termoground 程序模块进行数值模拟的冻结和冻胀结果进行了比较。在 −8℃ 的空气温度下,模拟带状黏土的冻结法向冻胀力随时间的发展趋势。根据土体湿度、土体干密度,依据建筑行业标准《多年冻土地基与基础设计规范》(СНиП 2.02.04—88)选取了土体热物理指标,并列于表4.8中。

土体和结构热物理指标　　　表4.8

土类别	ρ_d (t/m³)	w_{tot}	w_p	T_s (℃)	T_{bf} (℃)	$T_{s.c}$ (℃)	T_f (℃)	λ_{th} kJ/(s·m·℃)	λ_f kJ/(s·m·℃)	C_{th} kJ/(m³·℃)	C_f kJ/(m³·℃)	L_0 (kJ/m³)
带状黏土	1.6	0.39	0.14	2	−0.3	−0.5	−7	0.0151	0.0168	3150	2350	335

试件的计算模型和最终冻结深度如图4.37所示。

图4.38为基于实验室实验结果和数值模拟结果的土体试件冻结深度随时间变化的曲线。由图4.38可以看出,在实验开始时,土体的冻结随时间变化速度要比在结束时更快。土体的初始冻结速度在0.6~1.0cm/h范围内变化,而最终在0.1~0.2cm/h范围内变化。仅由于冻土厚度的增加而导致的温度梯度降低,是不能解释这种显著的冷冻速度变化的。这种效果也可能与以下情况有关:在土体的冻结温度下,土体中包含的相对少量的水进入冻结状态;当温度下降到初始冻结温度以下时,部分薄膜水将冻结。因此,当冻结土体试件的上层冻结时,仅消耗了厚度不大的土层中水冻结释放的热量。当冻结更深的土层时,消耗的热量不是由于在下面土层中的水冻结,而是由于迁移到冻结面的水冻结。因为随着该土层中温度的降低,越来越多的结合水会转化为冰。

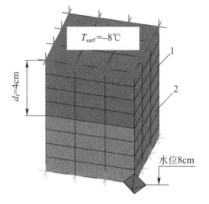
图4.37 实验室实验计算模型及最终冻结深度
1-冻结土;2-融化土

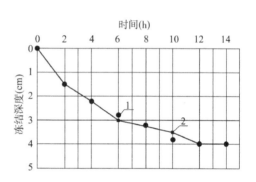
图4.38 土体试件冻结深度随时间变化曲线
1-Морарескул Н.Н实验结果;2-数值模拟计算结果

图4.39为试件沿深度湿度分布的实验结果和数值模拟计算结果图。

测定土体试件的初始含水率 $w = 0.39$,并将其确定为实验前从试件的上部和下部取的土体含水量的算术平均值。从试件不同深度采集试样来确定最终的含水率沿深度分布。实验结果和计算得出的湿度分布非常接近,如图4.39所示。实验结果和计算结果都验证了试件上部的湿度增加,而下部的湿度降低。水分迁移促进了试件在冻结区湿度的增加。在第一冻结阶段,水分迁移朝向热释放方向。随着法向冻胀力的出现和增加,水的流动并没有停止,而是保持恒定,且仅取决于冻结速度。与Морарескул Н.Н的初始湿度相比,实验结束时融化的土体中的水分降低了6%,这在确定土体物理参数的精度范围内。

图4.40为法向冻胀力随时间变化的实验结果和计算图以及数值模拟计算结果。

在实验的最初阶段,空气与土体之间存在较大的温度梯度,因此土体会迅速冻结并产生大量的冰。首先,这会导致土体体积的快速增加。由于在实验中限制了活塞设备的升高,因此只能对下层土体融化层进行压缩,故冻结层体积只能向下增加。显然,在给定某荷载下的压实速度低于冻结过程中土体的膨胀速度,因此有必要在相对较短的时间间隔内增加设备活塞上的荷载,以此来评价冻胀的法向力值。

整个实验过程中法向冻胀力的增长也可以用类似的原因来解释。随着试件的连续冷冻,越来越多的水转换为冰,这导致水体积增加了约9%。由于活塞的位置固定,产生的冻胀将朝向下层融化的土体方向。活塞向上的很小移动表明,施加在活塞上的荷载无法保障融化土体层的适当压实速度。因此,活塞立即将荷载增加到排除活塞向上抬升的值。

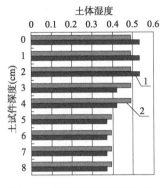
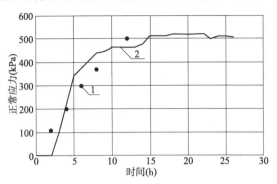

图4.39　试件沿深度湿度分布图
1-Н. Н. Мораескул 实验结果;
2-数值模拟计算结果

图4.40　法向冻胀力随时间变化图
1-Мораескул Н. Н 实验结果;2-数值模拟计算结果

在实验结束时(也可通过数值计算获得),土体冻结发生得更慢(速度为0.1~0.2cm/h),法向冻胀力的增加速度保持大致恒定。这个非常重要的事实由以下原因解释(Мораескул Н. Н,1949年):

(1)解冻的土体已经被压实,并且越来越多地抵抗土体的内部膨胀,也就是说,最终法向冻胀力也增加了。

(2)随着温度的降低,已经冻结土体的冰晶格中包含了一部分未冻结的结合水,从而导致了一些附加的膨胀。

Мораескул Н. Н 的实验结果和数值计算模拟结果清楚地反映了外部因素(如冻结温度、土体试件的热物理和力学特性等)对法向冻胀力和冻结深度随时间变化性质的影响。

将 Termoground 程序模块得到的数值研究结果与 Мораескул Н. Н 的实验研究值进行比较,可证实使用开发的程序可以以足够的精度解决土体冻结和后续问题的可能性。以非稳定模式确定土体的温度和湿度场,使得有可能在有限体积和开放系统中解决土体冻胀和融化应力-应变状态的空间问题。

4.11　冻胀土中基础锚固工程

在隆起的土体中,通常将基础放置在计算标准冻结深度以下。但这种情况下,最大的危险是冻胀剪切力的出现。当这些力超过地面结构作用在基础的荷载时,基础会产生向上移动。施工实践表明,在这种条件下修筑的工业和民用建筑五通常会因土体冻胀剪切力的作用而发生变形。同时,在运营几年后,尤其是在基础上荷载不大的情况下,未供热的个别建筑物发生了事故。随着上部结构物向轻质材料广泛过渡,存在减小基础上作用荷载的趋势,因此,基础被冻胀剪切力抬升的可能性逐渐增大。

许多对抗基础隆起的常用方法都不耐用,并且经过几年的运行,其有效性逐渐丧失。确保在冻胀危险土体中的地下结构可靠运行的方法之一是将基础锚固在季节性冻结深度以下的融化土体层中的方法。

为了分析锚固基础工程的有效性,在各种水文地质条件下进行了现场和数值研究,以评估冻胀剪切力随时间发展时影响这些基础稳定性的因素,并研究锚固板上平面法向冻胀力。

实验场地位于东西伯利亚的伊尔库茨克州安加尔斯克市和乌索里-西比斯科耶地区(Улицкий B.M,1969年)。该地区属强烈的大陆性气候,冬季漫长、寒冷而少雪。年平均气温为 -1.8 ℃。所有这些都导致了土体的深层冻结,在特别寒冷的冬季,土体冻结深度超过3.0m。

在开始施工之前,地下水位(УПВ - WL)埋深在相当大的深度(10~15m),并且施工现场在冻结深度内沉积的土体(亚砂土、亚黏土和砂土)的天然湿度不大。施工期间场地开发导致该地点的水文地质条件发生了急剧变化,地下水位升至超过所有基础底面设计标高的水平。潮湿土体的深度冻结有助于冻胀剪切力的显著增加。为了进行研究,研究人员选择了两个场地:中等冻胀土体(地下水位埋深2.5m)和强冻胀土体(地下水位埋深1.6m)。

研究人员建造了10个基础,其中5个在下部支撑部分装有锚板。基础为钢筋混凝土柱,截面尺寸为 $0.25m \times 0.25m$,长为3.9m,顶部带有特殊突起,用于固定装载平台。

用荷载法对冻胀作用在基础上的剪切力进行了现场测定。在土体冻结和冻胀过程中,未加载的基础逐渐向上移动。为了平衡沿其侧面产生的冻胀剪切力,施加了各种荷载。那些基础没有产生上移的情况表明,当前的冻胀总剪切力小于基础将要承受的上部设计荷载。

在各种水文地质条件的实验现场观察表明,地下水位对冻胀力的影响巨大。因此,在地下水位埋深低于2.5m场地的无锚基础承受的最大冻胀剪力为 $\tau_{fh} = 75kN/m$。当地下水位上升至1.6m时,基础承受的最大冻胀剪力为 $\tau_{fh} = 122kN/m$。当地下水位上升至1.6m时,有锚基础(锚板向外伸出0.6m)承受的最大冻胀剪力为 $\tau_{fh} = 151kN/m$。

在有锚基础的锚板平面上进行了法向压力的实验测量。为此,在锚板的上部安装了压力计,并据此进行了系统的观测。根据这些观测结果,绘制了冬季的压力分布图,确定了这些压力在锚板上的分布特点;在冻结过程中对实验有锚基础的锚板平面上冻胀剪力增长规律进行评价,其中锚板向外伸出0.6m,地下水位在1.6~2.1m。实验表明:压力分布取决于许多因素,包括冻胀的特点和大小、与基础的接触连接、冻结速度、冻结和融化土体的物理力学指标等。所指出的和其他一些特征使作用在有锚基础的锚板平面上冻融土体的法向应力求解分析非常复杂。在冬季有锚基础的实验荷载基础上,通过实验确定这些基础在给定条件下的有效承载力是有可能的。

我们用数值模拟地下水位1.6m和2.5m的有锚基础周围土体的冻结和融化过程。1964年10月至1965年10月,在安格斯克温度和湿度气候条件下,对无锚基础和锚板外伸0.6m的有锚基础的工作状态进行了评估,得出冬季前的土体湿度为 $w = 0.3$。

根据建筑行业标准《多年冻土地基与基础设计规范》(СНиП 2.02.04—88),得出取决于土体水分、土体干密度的土体热物理指标,并列于表4.9中。图4.41为数值模拟计算图。

第4章 土体冻结和融化简单问题解与实验及已知解比较

土体和结构热物理指标　　　　　　　表4.9

土类别	ρ_d (t/m³)	w_{tot}	w_p	T_s (℃)	T_{bf} (℃)	$T_{s.c}$ (℃)	T_f (℃)	λ_{th} kJ/(月·m·℃)	λ_f	C_{th} (kJ/m³·℃)	C_f	L_0 (kJ/m³)
基础	2.2	—	—					4800	4800	2016	2016	—
粉质亚黏土	1.6	0.3	0.14	5	−0.3	−0.5	−7	4415	4888	1840	2480	335

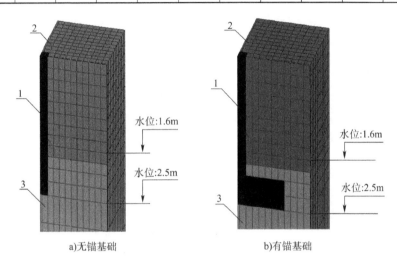

图 4.41　数值模拟计算图
1-基础;2-冻土;3-融化土

图 4.42 为某年 4 月的土体温度分布图。两种情况下的冻结深度均为 2.0m。

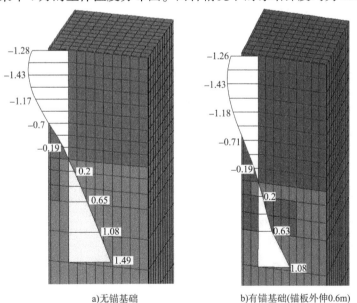

a)无锚基础　　　　b)有锚基础(锚板外伸0.6m)

图 4.42　某年 4 月土体温度分布(单位:℃)

图 4.43 所示为某年 4 月有锚基础侧面的土体湿度分布图。

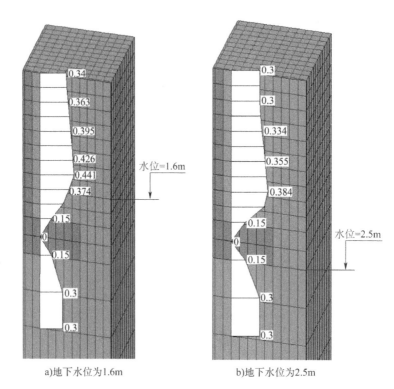

a) 地下水位为1.6m   b) 地下水位为2.5m

图4.43 某年4月有锚基础侧面的土体湿度分布图

当地下水位为2.5m时,冻结过程中的水分迁移使土体湿度在0.7~1.6m的深度范围内变化了10%~25%。随着地下水位上升到1.6m,水分迁移到冻结面使土体表面的湿度增加了6%,在地下水位上增加了30%。

在冻胀危险性土体的冻融过程中,土体温度和湿度条件的变化引起了基础的位移,如图4.44、图4.45所示。

在所有计算解中,冻胀时土体表面的上升为2~3cm,融化过程中的沉降变形为4~6cm。土体的冻胀和融化变形会导致在地下水位为1.6m的无锚基础垂向位移,如图4.44a)所示。在这种情况下,最大的基础抬升量为11mm,融化过程中的沉降量最大为48mm。随着地下水位降低至2.5m,如图4.44b)所示,无锚基础的上升不大,融化期间的沉降量为14mm。

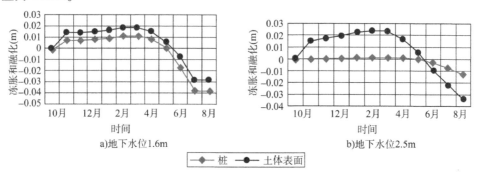

a) 地下水位1.6m   b) 地下水位2.5m

图4.44 冻融过程中无锚基础垂向位移

第4章 土体冻结和融化简单问题解与实验及已知解比较

在地下水位的不同位置未观察到有锚基础的冻胀和融化变形,如图4.45所示。

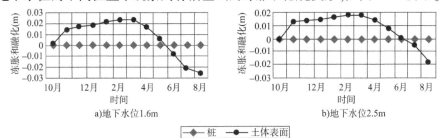

a)地下水位1.6m　　　　b)地下水位2.5m

图4.45　冻融过程中有锚基础垂向位移

冻胀的过程导致冻结地基的应力状态发生变化。冻结过程中冻胀的剪切力分布如图4.46所示。

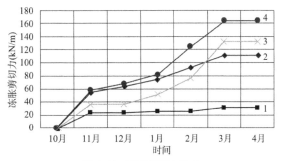

图4.46　冻胀剪切力分布

1、2-无锚基础,地下水位分别为2.5m和1.6m;3、4-有锚基础,地下水位分别为2.5m和1.6m

对于没有锚固的基础,冻胀的剪切力值在31(地下水位为2.5m)~111kN/m(地下水位1.6m)。在有锚固的地基上,这些力为133(地下水位2.5m)~165kN/m(地下水位1.6m)。

当地下水位为1.6m时,土与基础接触的冻胀剪切应力分布如图4.47所示。这些应力的最大值以及相应的冻胀剪切力在冻结深度的上1/3处观察到。

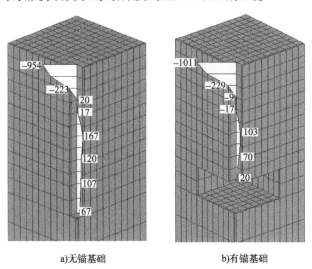

a)无锚基础　　　　b)有锚基础

图4.47　某年4月地下水位为1.6m的冻胀剪切应力分布(单位:kPa)

在锚固基础上,这些值在表面附近增大,并且随着深度增加而显著减小。在没有锚的基础上,发现沿表面剪切应力产生相同的变化规律。

由于在土体冻结深度的上1/3处发生土体冻胀变形,在下部侧面的土体处于塑性冻结或融化的状态,对剪切应力的大小会有所抑制。

某年10月至次年6月沿着有锚基础的锚板上表面的法向应力分布分别如图4.48、图4.49所示。

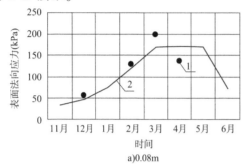 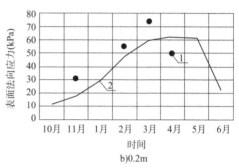

图4.48 某年10月至次年6月沿着有锚基础的锚板上法向应力随时间和距柱的距离的分布
1-实验值;2-计算值

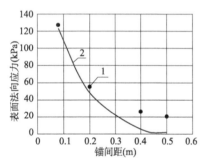

图4.49 某年2月沿着有锚基础的锚板上表面的法向应力分布
1-实验值;2-计算值

这些应力在立柱处具有最大值,至锚板的边缘逐渐下降。在地下水位较高时,这些值比地下水位较低时高21%。在融化期间,由于冻胀法向应力传递给锚,导致压力急剧下降。土体向融化状态的过渡导致传递至锚的压力逐渐降低。

在实验现场的观测和数值研究表明,作用在锚固基础上的抑制力的产生原因不仅是由于回填土具有质量,而且还因为有锚基础相邻的土体冻结和冻胀的冻融土体作用产生法向压力。数值模拟的结果表明,在大量丰富的现场实验支持下,结果具有很好的收敛性。

第 5 章
土体冻结、冻胀和融化过程计算的工程案例

5.1 隔热材料的实际应用和数值研究

在季节性冻结深度大的区域,选取有效的结构措施用以保护地基和基础免受冻胀力的作用时,为了预测结构物地基的应力-应变状态,需要联合评估土体在冻融过程中的热物理和应力-应变状态。当地基内产生了冻胀力,土体的变形不论是在深度上还是在时间上都是有差别的,并且在冻结过程中,各结构层的力学特性会发生急剧变化。

在对俄罗斯铁道部东部多边形铁路网的工程地质和水文条件特征进行分析的基础上,选择了一个实验场进行土体冻胀和融化过程现场观测。该实验场位于哈巴罗夫斯克市的"Радуга-Сервис"厂区内(Кудрявцев С. А 等人,2003 年)。

在实验场内紧邻建设中的钢铁天桥的直径为 0.3m、深度为 3.0m 的钻孔灌注桩基础附近布设了两个深度为 2.5m 的地温观测钻孔,用以定期测量每 0.5m 深度的土体冻结和融化温度,如图 5.1 所示。

图 5.1 哈巴罗夫斯克市实验场(图中人物为本书第一作者,译者注)

在两个钻孔灌注桩 1 和桩 3 之间,有一个保温的引水井,沿着车间外墙到桩 3 和桩 5,在深度为 0.5m 处铺设了一个通往引水井的供热管线。2001—2002 年冬季,天桥安装后,钻孔桩的基础产生了冻胀隆起过程,最大冻胀达 130mm,这给后续工程带来了某些不便。2002—2003 年冬季,为了测试隔热材料的有效性,在 0.3m 深度的桩 1、桩 2、桩 3 和桩 4 周围,铺设尺寸为 2200mm×2700mm 的厚 100mm 的泡沫聚苯乙烯绝缘材料。钻孔中的温度观测是根据俄罗斯联邦科学院 Tynda 多年冻土站(TMC)开发的方法进行的,该方法用于外业现场的温度测量系统(СИТ),保障仪器测量误差符合国标《土体野外温度测量方法》(ГОСТ

25358—82)要求,特别适合多年冻土研究。使用 AM-29 远程电热仪,其测温范围为 -40 ~ 60℃,在 10 个深度(从 0.02m 到 3.2m)内测量土体温度。钻孔灌注桩的桩头竖向位移用平面水准测量方法确定。

实验场地的土体上方为软塑粉质亚黏土,深度为 2.5m,其下为硬塑粉质亚黏土。冬季开始时的地下水位为 1.0m。

按国标《建筑材料热导率测定方法》(ГОСТ 7076—87),用 ИТП-МГ4 电子热导仪测量固定热通量的密度,并通过热探针法测定试件中土体的热导率。设备的工作温度范围为 -10 ~ 40℃。该设备按国标《自动测试仪器技术标准》(ГОСТ 12997—84)属于三类仪器的一般应用,该方法是非标准化的测量方法。该设备可测量 0.03 ~ 0.8W/(m·℃)范围内的热导率。

该仪器的工作原理是建立在固定热通量时(固定热通量法)测量探针温度的变化速度(热探针法)以及测量试件表面的温度差变化的基础上,运用建筑行业标准《多年冻土地基与基础设计规范》(СНиП 2.02.04—88)和建筑规范《热技术建设》(СНиП II-3—79*)中提供的表格数据,比较了根据土体水分、土体干密度而定的热导率和热容量。

表 5.1 列出了实验场地土体的热物理指标。

结构和土体的热物理指标　　　　　　　表 5.1

层 类 别	ρ_d (t/m³)	w_{tot}	w_p	T_s (℃)	T_{bf} (℃)	$T_{a.c}$ (℃)	T_f (℃)	λ_{th} kJ/(月·m℃)	λ_f kJ/(月·m℃)	C_{th} kJ/(m³·℃)	C_f kJ/(m³·℃)	L_0 kJ/(m³)
混凝土	2.4	—	—	5	—	—	—	4600	4600	2016	2016	—
聚苯乙烯	0.15	—	—	5	—	—	—	131	131	170	170	—
软塑粉质亚黏土	1.6	0.3	0.13	5	-0.3	-0.5	-7	4415	4888	1840	2480	335
硬塑粉质亚黏土	1.6	0.20	0.13	5	-0.3	-0.5	-7	3495	3968	2310	2140	335

在 1 号钻孔灌注桩旁边设置了 1 号温度测量钻孔,在 2 号钻孔灌注桩旁边设置了 2 号温度测量钻孔。冻结过程数值模拟的设计方案如图 5.2 所示,沿 1、2 号钻孔的热钻孔剖面如图 5.3 所示。

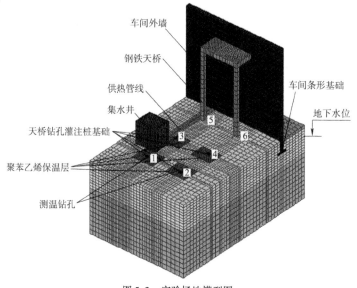

图 5.2　实验场地模型图

第5章 土体冻结、冻胀和融化过程计算的工程案例

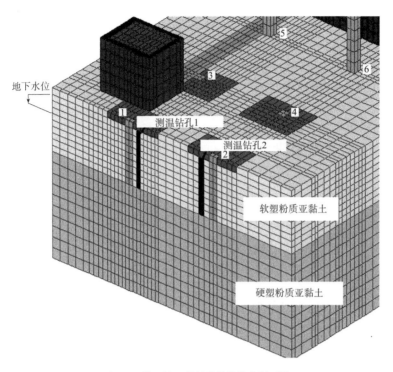

图5.3 沿1号、2号钻孔的热钻孔剖面图

2002年10月至2003年2月,对深度1.0m的测温钻孔(1号观测钻孔)中土体温度变化的观测和计算结果如图5.4所示。

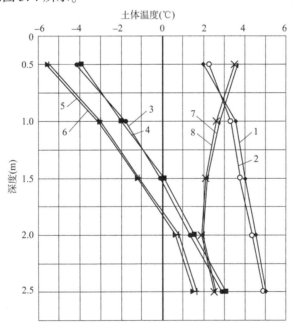

图5.4 1号观测钻孔土体温度沿深度分布

1、2-2002年12月1日的实验和计算结果;3、4-2003年2月15日的实验和计算结果;5、6-2003年3月30日的实验和计算结果;7、8-2003年6月16日的实验和计算结果

可以看出,1号热观测钻孔的土体温度从2002年10月的5℃到2003年2月的-2.2~-2℃,2号热观测钻孔的土体温度从2002年10月的5℃到2003年2月的-2.7~-2.5℃。与开阔地带相比,钻孔桩变暖的效果使深处温度提高了40%~50%,尽管钢筋混凝土的基础材料本身就是冷传递的桥梁。

在计算的第一阶段,模拟了地基土体冻结的过程,并确立了天桥基础冻结的历史。计算结果以温度分布图的形式给出。在2002—2003年的不同时间点,数值模拟结果与观测钻孔中冻结深度和温度的测量结果非常吻合,如图5.5~图5.8所示。

温度的实验测量结果和数值模拟结果表明,使用厚度为0.1m的膨胀聚苯乙烯的选择并没有排除冻胀力对钻孔灌注桩的影响。其结果是在2002—2003年冬季,由霜冻胀引起的变形为70mm。因此,这种负面影响的减少仅占40%~50%,如图5.5所示。

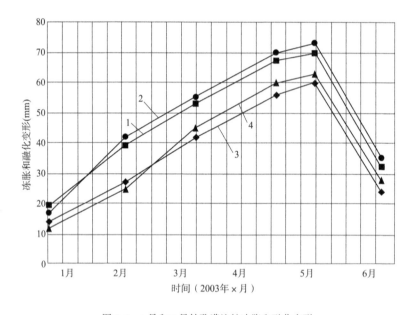

图5.5　1号和2号钻孔灌注桩冻胀和融化变形
1、2-1号钻孔灌注桩实验和计算结果;3、4-2号钻孔灌注桩实验和计算结果

为了更有效地使用膨胀聚苯乙烯并在冬季提高钻孔桩周围的土体温度,从而减小冻胀的剪切力,研究人员提出了一个模拟方案,该方案可使桩周围0.3m厚的表层土体变暖。图5.6所示为2003年3月0.1m厚聚苯乙烯情况下1号桩、2号桩基础温度分布,图5.7所示为2003年3月0.3m厚聚苯乙烯情况下1号桩、2号桩基础温度分布,图5.8所示为0.1m厚聚苯乙烯钻孔桩1-3-5剖面在2003年3月距地面0.6m处的土体温度分布,图5.9所示为0.3m厚聚苯乙烯钻孔桩1-3-5剖面在2003年3月距地面0.6m处的土体温度分布。从图5.7、图5.9中可以看出,钻孔桩周围保温层的厚度增加,使1号桩冻结深度降至0.9m,2号桩冻结深度降至1.2m。此时,供热管线下方0.6m深度处的负温度范围为:1号桩、2号桩附近均为-1.0~-2.1℃。

在桩1、桩3和桩5附近观测到温度的进一步升高,这与钻孔和供热总管的共同热量释放(图5.8、图5.9所示)有关。这些钻孔桩在2003年3月距地面0.6m处的土体负温度分别为-1.0℃、-0.6℃、-0.9℃。

第5章 土体冻结、冻胀和融化过程计算的工程案例

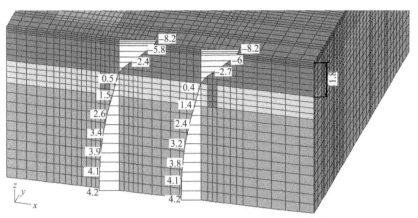

图 5.6　2003 年 3 月 0.1m 厚聚苯乙烯 1 号、2 号桩基础温度分布(单位:℃)

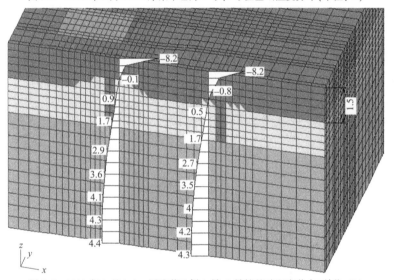

图 5.7　2003 年 3 月 0.3m 厚聚苯乙烯 1 号、2 号桩基础温度分布(单位:℃)

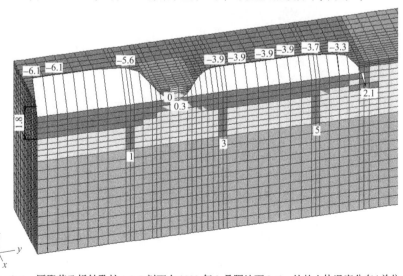

图 5.8　0.1m 厚聚苯乙烯钻孔桩 1-3-5 剖面在 2003 年 3 月距地面 0.6m 处的土体温度分布(单位:℃)

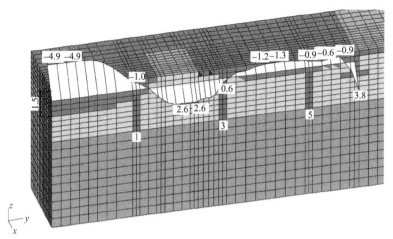

图 5.9　0.3m 厚聚苯乙烯钻孔桩 1-3-5 剖面在 2003 年 3 月距地面 0.6m 处的土体温度分布(单位:℃)

5.2　已长期使用深季节性冻结条件下建筑物的条形基础的防寒效果评估

本节主要介绍跨西伯利亚铁路远东部分——阿拉哈尔站(станции Архара)的铁路休息室内一座长期使用的三层砖房的热物理计算结果(Кудрявцев С.А,2003 年)。建筑物的设计结构模型如图 5.10 所示。

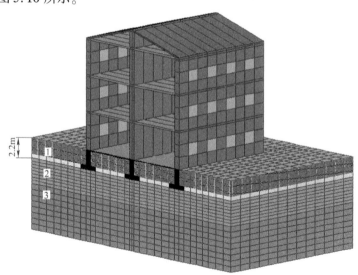

图 5.10　建筑物设计结构模型
1-厚度达 2.2m 的软塑粉质亚黏土;2-厚度达 4.0m 的硬塑粉质亚黏土;3-半固态粉质亚黏土

该建筑建于 20 世纪中叶。建筑物的基础是由混凝土砌块制成的条形基础,该条形基础由宽 2.4m 和深 2.2m 的钢筋混凝土垫层构成。地基为多种硬度和湿度的粉质亚黏土。

按国标 ГОСТ 7076—87,用 ИТП-МГ4 电子热导仪测量固定热通量的密度,并通过热探针法测定试件中土体的热导率。根据建筑行业标准《多年冻土地基与基础设计规范》(СНиП 2.02.04—88)中提供的表格数据,比较了根据土体水分、土体干密度而确定的热导率和热容量。

第5章 土体冻结、冻胀和融化过程计算的工程案例

该建筑中土体和基础材料的热物理指标见表5.2。

土体和基础材料的热物理指标   表 5.2

层 类 别	ρ_d (t/m³)	w_{tot}	w_p	T_s (℃)	T_{bf} (℃)	$T_{s,c}$ (℃)	T_f (℃)	λ_{th} kJ/(月·m℃)	λ_f kJ/(月·m℃)	C_{th} kJ/(m³·℃)	C_f kJ/(m³·℃)	L_0 (kJ/m³)
混凝土	2.4	—	—	5	—	—	—	4600	4600	2016	2016	—
聚苯乙烯	0.15	—	—	5	—	—	—	131	131	170	170	—
软塑粉质亚黏土	1.4	0.3	0.13	5	-0.3	-0.5	-7	3810	4125	3020	2180	335
硬塑粉质亚黏土	1.6	0.25	0.13	5	-0.3	-0.5	-7	3968	4415	3150	2350	335
半固态粉质亚黏土	1.6	0.2	0.13	5	-0.3	-0.5	-7	3495	3968	2310	2140	335

根据建筑行业标准《建筑气候》(СНиП 23-01—99),该地区的年平均气温为 -0.8℃,属于严寒冬季区。1月的平均温度为 -26.7℃,7月的平均温度为 20.9℃。季节性温度波动幅度为 47.6℃。

分析该建筑地区土体在空间中冻结和融化过程的数值模拟结果。图5.11 显示了该建筑物3月中间截面土体温度分布。从图中可以看出,在 2002 年 3 月该建筑物外部土体的冻结深度为 2.55m。

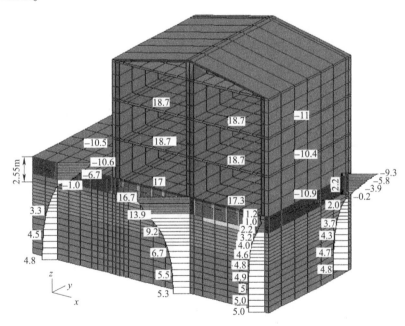

图 5.11 2002 年 3 月沿建筑物的中间截面土体温度分布(单位:℃)

土体的温度不论是在表面还是整个冻结深度都处于活跃冻胀温度范围内。在距地面 5~8m 深处,建筑物内墙下的土体温度从地板下的 16.7℃ 到土体年平均温度的 5℃ 不等。3月,外部基础的内表面的土体温度高于 0℃,范围为从地板下的 1.2℃ 到垫层下的 2.2℃。从图 5.11 中可见,土体中的最低温度仅限于建筑物的角落,从土体表面的 -9.3℃ 变化到基础垫层高程的 -0.2℃。图 5.12 为 2002 年 3 月该建筑物纵、横基础墙下深 0.4m 外地基土体温度分布图。

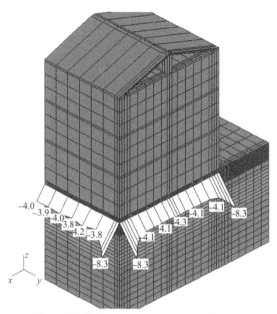

图 5.12　2002 年 3 月纵、横基础墙下 0.4m 处地基土体温度分布(单位:℃)

在该建筑物的各个角落以及与之相距 1.0~1.5m 处观测到最低温度值。中间部分和建筑物拐角处深度为 0.4m 处的温度差达 2 倍。沿建筑物的中间截面和建筑物拐角处的年周期内,深度为 0.6m 处的土体温度变化如图 5.13 所示。

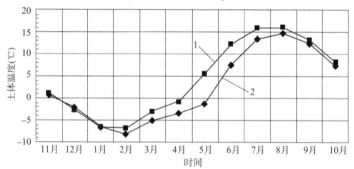

图 5.13　基础外侧深度 0.6m 处土体温度变化情况
1-中间断面;2-建筑物墙角

从图 5.13 可见,从 2001 年 11 月至 1 月,建筑物中部和拐角处的温度分布没有差异。这种差异在 1 月开始显现,在 5 月达到最大值。同时,土体温度从 0℃ 开始的转变过程持续了近 1 个月。

根据实验结果,本书作者提出了一种通过铺设挤塑聚苯乙烯泡沫保温板来保温加热基础的技术,即提议在建筑物外围距离地面 0.4m 的深度处以带状形式铺设厚度为 100mm、宽度为 1200mm 的平板。建议用厚度为 200mm 的板用于宽度为 1.5m 的建筑物拐角两侧保温;提出了在条石下面建造一个由防水材料制成的防冻的墙角护坡,并用土工布制作,借此将建筑物的大气降水排出。

图 5.14 所示为使用保温层后,该建筑物 2002 年 3 月纵、横墙下 0.6m 处土体温度分布。从图 5.14 中可以看出,使用挤塑聚苯乙烯泡沫制成的保温层可以在深 0.6m 处显著提高土体温度。仅在沿纵向墙 0.5~1.0m 距离建筑物的拐角处,土体温度才处于强烈冻胀的温度

第5章　土体冻结、冻胀和融化过程计算的工程案例

范围内。同时,与没有保温层的土体温度相比,在建筑物的拐角处,土体温度几乎提高了2倍。在建筑物的中间部分,保温层下的土体温度为 0 ~ -0.2℃,小于这种类型土体的冻胀开始温度。因此,本例证明了用于减小土体冻胀力所用材料的有效性。

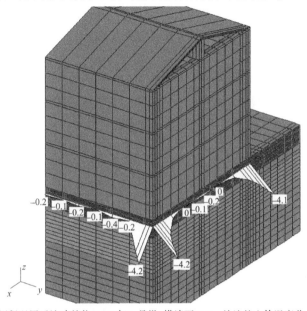

图5.14　使用保温层后该建筑物2002年3月纵、横墙下0.6m处地基土体温度分布(单位:℃)

在使用保温层的情况下,沿建筑物的平均截面和拐角处,一年中深0.6m处的土体温度变化情况如图5.15所示。从图5.15中可以看出,在整个冬季,建筑物的中间部分,保温层下的土体温度不会低于冻胀的温度区间。建筑物的各个角落,土体温度不会低于 -4.8℃(最低温度出现在2002年2月)。基础深0.6m处土体温度低于0℃,于2001年12月上旬开始,到第二年4月下旬结束。当保温层由挤塑聚苯乙烯泡沫制成时,温度低于0℃以下的时间段减少了140%。

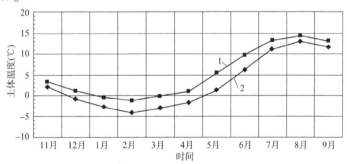

图5.15　使用挤塑聚苯乙烯保温层后深0.6m处土体温度情况
1-中间断面;2-建筑物墙角

5.3　水分迁移条件土体冻结和冻胀

对于考虑水分迁移的冻结过程,Кудрявцев С. А 于与2003—2004年进行了现场实验。该实验是在滨海边区 Заводской 镇的住宅区和工业设施上进行的。

由于地下水位很低,这些项目在设计上并未考虑为地下结构和地下室提供地下水保护措施。然而,在第一阶段的工业设施施工结束,即住宅建筑物和社会文化综合设施的建设完成后,一场倾盆大雨和建筑物周围回填土体冬季融化,全面淹没了地面以下所有构造物。

为了确定造成地下结构和地下室淹没的原因,研究人员在垂直于外墙的方向上对基坑进行了槽探,在设定高程上进行土体取样,随后确定其物理和力学特性,并确定了基础底面以上土体剖面。

根据工程和地质调查资料,该地区的土体是均质的,并由以下土层构成:半固态亚黏土,液性指数 $I_L = 0 \sim 0.25$;致密卵石,含水率低,亚黏土含量达40%。

根据土体湿度和土体干密度,根据建筑行业标准《多年冻土地基与基础设计规范》(СНиП 2.02.04—88)和《建筑热技术》(СНиП II-3—79)获取土体和基础材料的热物理指标,见表5.3。

结构和土体热物理参数　　　　　　　　表5.3

层 类 别	ρ_d (t/m³)	w_{tot}	w_p	T_s (℃)	T_{bf} (℃)	$T_{s,c}$ (℃)	T_f (℃)	λ_{th} kJ/(月·m·℃)	λ_f	C_{th} kJ/(m³·℃)	C_f	L_0 (kJ/m³)
混凝土	2.4	—	—	5	—	—	—	4700	4700	2016	2016	—
半固态亚黏土	1.51	0.24	0.256 –	5	-0.3	-0.5	-7	2891	3206	2480	1890	335
软塑亚黏土	1.36	0.33	0.256	5	-0.3	-0.5	-7	3811	4126	3020	2180	335
致密卵石	1.6	0.25	—	5	-0.3	-0.5	-7	6570	7174	3150	2350	335

在 Федоров В.И. 的文章中,在探坑剖面上绘制了土体湿度值,表明回填土坑中存在地下水(上层滞水)。这里的水与基坑底部表面上方的地下水有水力联系,基坑底为不透水层。在进行施工前调查资料显示地下水位在卵石和亚黏土中,埋深 11~15m。后续调查开始时,地下水位位于卵石层顶上,记录的地下水水位低于地下室高程。高于地下水位的回填土湿度高于以前基坑外侧的天然土。天然土体几乎保留了工程勘测中记录的原天然密度和湿度。

在数值实验中,模拟了冻结和解冻的过程,并考虑了冬季水分在冻结土体中的迁移。图5.16所示为其中一所房屋附近地段的计算模型。

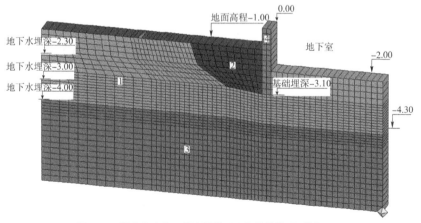

图5.16　数值实验中一所房屋附近地段计算模型(单位:m)
1-低含水率半固态的亚黏土;2-基坑回填土中的软塑亚黏土;3-致密卵石;4-基础

第5章 土体冻结、冻胀和融化过程计算的工程案例

数值计算过程考虑了地下水位的三种变化形式[水位分别为 -4.0m、-3.0m -2.3m（距地表面）]，这些变化是在 Федоров В. И 的现场实验中观测到的。

对于第一种方案计算（水位为 -4.0m），当地下水位在卵石层顶上时，回填土冻结深度分布和湿度分布分别如图 5.17 和图 5.18 所示。从图 5.17 中可以看出，基础处的土体冻结深度为 0.5m。随着距建筑物外墙距离的增加，冻结深度增加至 2.1m。在回填区的角下与前基坑侧面的边界处的回水角较低处观察到水分从地下水的迁移，深度为 1.0~2.0m。就数值而言，该位置冷冻期间的水分增加为 2%~7%。由于冻结过程中水分的迁移，回填土的湿度增加并不明显。

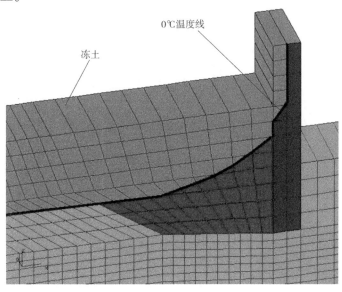

图 5.17 第一种方案回填土冻结深度分布

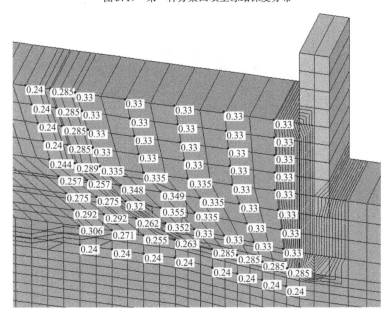

图 5.18 第一种方案回填土湿度分布

当秋季出现大雨时,由于回填和土体表面之间存在的毛细连接和破坏了墙角护坡的完整性,导致地下水位急剧上升。

当地下水位比基础底面高出 0.8m 时,我们采用了第二种方案(水位为 -2.3m)。图 5.19、图 5.20 所示分别为该方案下回填土温度和湿度分布。

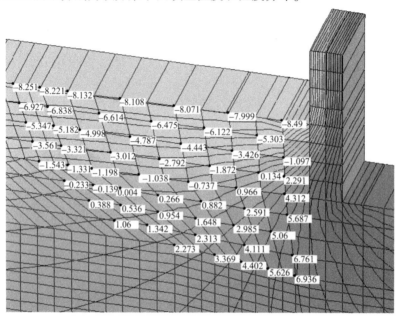

图 5.19　第二种方案回填土温度分布(单位:℃)

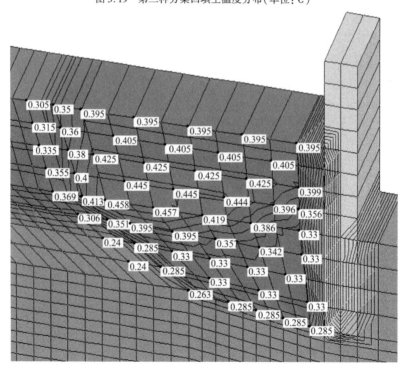

图 5.20　第二种方案回填土湿度分布

第5章 土体冻结、冻胀和融化过程计算的工程案例

从图5.19、图5.20中可以看出,在水位为-2.3m时,地基附近的土体冻结深度为0.5m。随着距建筑物外部基础距离的增加,冻结深度逐渐增加到2.0m。

水分迁移会在整个冻结深度内发生,表层回填土的土体水分在冻结的第1个月已经增加到20%,并一直延续至地下水位,如图5.21所示。

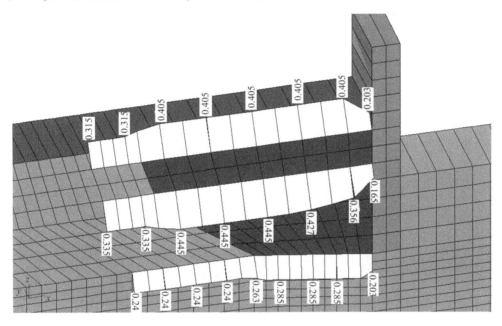

图5.21 深度为0.25m、0.75m和2.0m处回填土湿度分布

湿度的最大增加发生在离冻结区更近的回填侧,距离地面深0.8~1.0m处。这项研究的结果表明,由于水从地下水位迁移到冻结面,回填土体中水分含量显著增加。在这种情况下,由于冻胀力的作用,混凝土护坡发生了明显的变形和损坏,如图5.22所示。

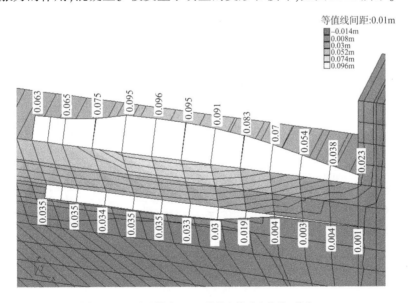

图5.22 地表和深度0.5m处的土体垂向位移(单位:m)

5.4 土体冻胀时桩体隆起的数值模拟

关于冻胀对轻载桩基可能产生的影响有关研究不多。本节提供了一个研究东正教教堂(Храм Сретения Господня)建筑物基础的案例。这座建筑物位于北穆林斯基河平原公园区的西北部。在调查时,桩已经打入地基,部分承台施工已经完工。锤击打入的钢筋混凝土桩,截面尺寸为30cm×30cm,长度为7m,支撑的地基为塑性亚砂土。竣工后的承台结构如图5.23所示,在5-8/ K-H 诸轴没有设置承台。由于冻结和融化,冻胀力的作用使无荷载的承台和桩而发生变形。

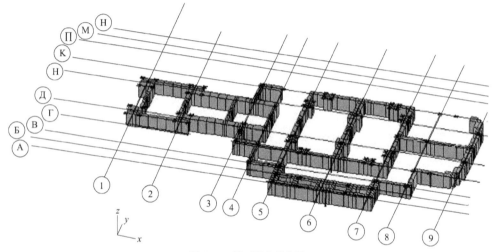

图5.23 竣工承台结构图

人工回填、湖泊-冰川和冰川沉积物构成了地区的工程地质的物质组成。湖泊-冰川沉积物以硬塑粉质亚黏土层,下面是粉质亚砂土和条带状砂土互层,呈硬塑或软塑状态,底部为粉质轻亚黏土,硬塑或软塑状态。根据建筑行业标准《多年冻土地基与基础设计规范》(СНиП 2.02.04—88)和《建筑热技术》(СНиП II-3—79)确定的土体和基础材料热物理指标见表5.4。

土体和基础材料的热物理指标　　　　　　表5.4

层 类 别	ρ_d (t/m³)	w_{tot}	w_p	T_s (℃)	T_{bf} (℃)	$T_{a.c}$ (℃)	T_f (℃)	λ_{th} kJ/(月·m·℃)	λ_f kJ/(月·m·℃)	C_{th} kJ/(m³·℃)	C_f kJ/(m³·℃)	L_0 (kJ/m³)
钢筋混凝土	2.4	—	—	5	—	—	—	5200	5200	2100	2100	—
塑态亚砂土	1.8	0.22	0.14	5	-0.3	-0.5	-7	4888	5177	3170	2410	335
流塑粉质亚黏土	1.8	0.38	0.14	5	-0.3	-0.5	-7	4426	4730	3170	2410	335
硬塑粉质亚黏土	1.8	0.25	0.13	5	-0.3	-0.5	-7	4426	4730	3170	2410	335
饱和致密砂土	1.4	0.2	—	5	-0.3	-0.5	-7	4126	4888	2480	1890	335

具有自由表面的地下水仅限于人工填土和湖冰沉积物。地下水位埋深在0.3～1.0m处。

为了研究冻结和融化过程,研究人员建立了一个计算模型,如图5.24、图5.25所示,该

第5章　土体冻结、冻胀和融化过程计算的工程案例

模型包括一系列土体,打入桩和承台。

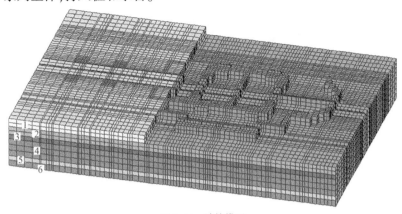

图 5.24　计算模型

1-人工回填、湖泊-冰川和冰川沉积物土;2-湖泊-冰川沉积物以硬塑粉质亚黏土层;3-粉质亚砂土;4-带状砂土层;5-粉质亚砂土;6-粉质轻亚黏土

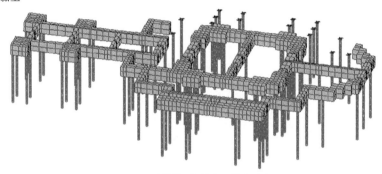

图 5.25　计算模型局部图(桩和承台)

根据计算结果,2006 年 3 月沿 Храм Сретения Господня 教堂主对称轴处最大的土体冻结深度为 1.4m,如图 5.26 所示。此外,在 1-3/К-Д 诸轴上,冻结主要限于回填砂土内;而在 3-9/А-Н 诸轴上,冻结主要发生在塑性亚砂土和流塑粉质亚黏土中。

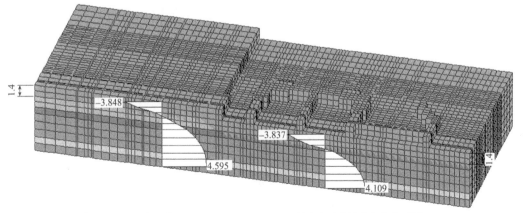

图 5.26　2006 年 3 月 Храма Сретения Господня 教堂主对称轴冻土分布(单位:m)

根据一年中不同月的温度分布结果,进行了桩基的冻胀变形计算。其中,2006 年 5 月的计算结果如图 5.27 和图 5.28 所示。

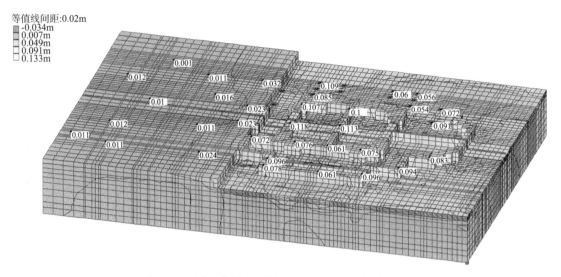

图 5.27 冻胀力作用下土体表面最大垂向变形图(单位:m)

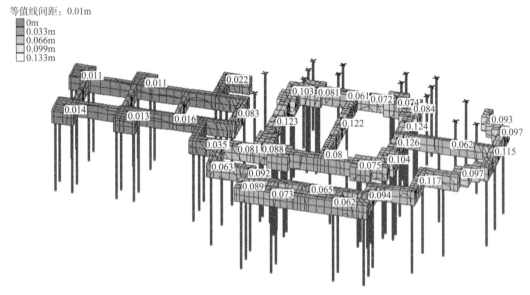

图 5.28 冻胀力作用下承台最大垂向变形图(单位:m)

从计算结果可以看出,在 1-3/К-Д 轴上,表面冻胀变形程度不大,为 1.0~2.0cm,这对于桩基础的后续加载不是必需的。但不利的是,冻胀过程对 3-9/A-H 轴上的承台和桩产生影响。由于冻胀力的作用,承台的最大上升高度达 6~12cm。这些数值说明承台本身将出现明显的裂纹。

5.5 邻近圣彼得堡动物园建筑物的基坑开挖土体冻结过程计算

在圣彼得堡,一座毗邻国家动物园的建筑物,于 2002 年 11 月开始建设公共综合设施,如图 5.29 所示。为了保护现有建筑物免受新建筑的影响,沿着饲养室建筑物建造了打入板

第5章 土体冻结、冻胀和融化过程计算的工程案例

桩墙支护。该技术使得可以在现有的饲养室建筑物基础底面下方开挖基坑,但是,在开挖期间存在如何保护该建筑物的条形基础免受冻结的问题。有人提出用矿棉来对基坑边坡和边缘进行保温。

图5.29 邻近圣彼得堡动物园建筑物的基础施工现场

采用保温技术的计算结果以2008年2月中旬温度分布等值线的形式显示在图5.30中。从图5.30中可以看出,不排除2008年2月及以后各月饲养室建筑物基础下的土体冻结。

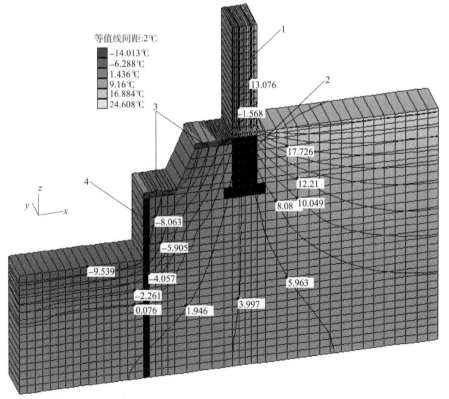

图5.30 圣彼得堡动物园邻近建筑物条形基础地基内温度分布(单位:℃)
1-饲养室建筑物砖墙;2-条形基础;3-矿棉保温层;4-板桩墙围护

我们对这种解决方案的有效性进行了数值研究,以保护现有基础不受冻。根据建筑行业标准《多年冻土地基与基础设计规范》(СНиП 2.02.04—88)和《建筑热技术》(СНиП II-3—79*),得到计算中的土体和基础材料的热物理指标,见表5.5。

土体和基础材料的热物理指标　　　　　　　　　　表5.5

层 类 别	ρ_d (t/m³)	w_{tot}	w_p	T_s (℃)	T_{bf} (℃)	$T_{s.c}$ (℃)	T_f (℃)	λ_{th} kJ/(10年·m·℃)	λ_f kJ/(10年·m·℃)	C_{th} kJ/(m³·℃)	C_f kJ/(m³·℃)	L_0 (kJ/m³)
钢筋混凝土	2.4	—	—	5	—	—	—	1650	1650	2100	2100	—
砖砌体	1.8	—	—	5	—	—	—	650	650	1584	1584	—
矿棉板	0.12	—	—	5	—	—	—	56	56	105	105	—
散土	1.4	0.25	—	5	−0.3	−0.5	−7	1650	1850	2780	2060	335
饱和细砂	1.6	0.30	—	5	−0.3	−0.5	−7	2160	2350	3150	2350	335
软塑粉质亚黏土	1.6	0.35	0.13	5	−0.3	−0.5	−7	1451	1607	2480	1840	335

5.6　后贝加尔湖铁路 Горелый—Имачи 区间 7286 ПК6 + 50—ПК 7 + 18 段路堤温度场的数值模拟和实验研究

根据俄罗斯联邦铁道部铁路和结构部的统计数据,在过去30年中,俄罗斯铁路网络上变形和有缺陷的路堤长度一直保持在10%~14%的水平。一项由俄罗斯联邦铁道部国家铁路运输技术经济勘测设计院(Гипротрансгэи МПС РФ)、莫斯科国立交通大学(МИИТ)和全俄铁路运输研究院(ВНИИЖТ)的专家共同进行的计算表明,由于铁路缺陷和路堤变形,每年给行业运营造成的总损失达26.71亿卢布(按2001年价格计算)。在后贝加尔湖铁路上,2002年因冻胀而引起的路堤变形约占公路总长度的21%。

为了消除现有的变形并稳定俄罗斯铁路冻胀危险路段的路堤,在大多数情况下,开始铺设挤塑聚苯乙烯制成的保温层以预防季节性冻结、冻胀和融化。在铁道部的测试中,这种铁路路堤的改建方案在主要指标方面占有特殊的位置,并且被认为是在地面排水困难和增力作用区域最不利条件下最有效的方法。

根据俄罗斯铁道部铁道与结构部关于后贝加尔湖铁路的计划,铺设了一个实验段,来研究通过铺设隔热材料(挤塑聚苯乙烯泡沫)减少或消除路堤土体冻胀力的有效性。2001年11月,在 Горелый—Имачи 段的后贝加尔湖铁路的 7286 ПК 6 + 50—ПК 7 + 18 段路堤上进行了温度场分布的研究(Кудрявцев С. А、Юсупов С. Н,2004年)。

俄罗斯铁道部 Tynda 多年冻土站的研究人员在两个测温钻孔中进行了温度测量。在 7286ПК 7 + 18 的路堤上布设了深度为4.0m的1号温度观测钻孔。在 7286ПК 7 + 00—ПК 8 + 73 段,从枕木底部开始0.4m的深度铺设厚度为0.06m、宽度为4.0m的挤塑聚苯乙烯泡沫,路堤高3.5m。

沿着平直路径的轴线在未保温 PK 6 + 7286 处沿均匀路径的轴线设置了深度为4.1m的2号测温钻孔。在 ПК 6 + 7286 处未设置保温路堤上,布设了深度为4.1m的2号温度观测钻

第5章 土体冻结、冻胀和融化过程计算的工程案例

孔,阳光可以照射。

钻孔平面布设如图5.31所示。1号钻孔和2号钻孔的工程地质剖面图如图5.32所示。

钻孔中的温度观测是根据在Tynda多年冻土观测站开发的温度测量系统(СИТ)提供的方法进行的,该方法专门用于多年冻土研究,并符合国标《外业土体温度测定方法》(ГОСТ 25358—82)规定的仪器测量误差要求。

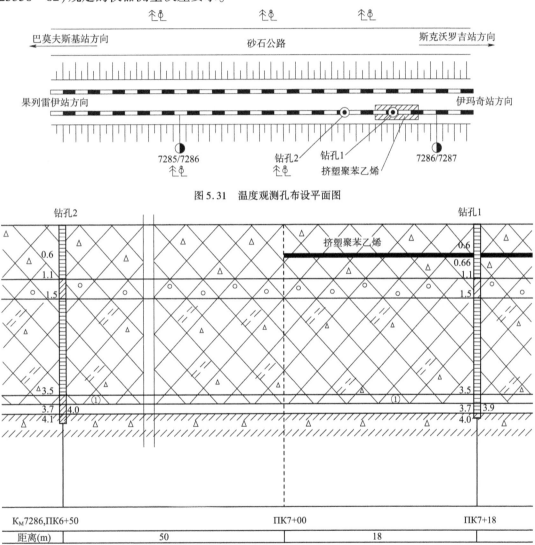

图5.31 温度观测孔布设平面图

图5.32 1号、2号温度观测钻孔工程地质剖面图

该温测系统的基础是温度传感器,该传感器以桥式温度转换器的形式制成,以便在温度测量时分离有用的信号并在测点创建规范的特性。传感器根据国标《外业土体温度测定方法》(ГОСТ 25358—82)规定的要求进行分度。桥式温度转换器本质上是一个直流测量电桥,在0℃的温度下平衡,对角线中包括两个СТ3-19型敏感热敏电阻和两个精密支持电阻。

为了测量和记录桥式温度转换器信号,使用了现场设备——模拟数字转换器,该模拟数字转换器除了可将观察结果记录在日志中之外,还可把记录存储在设备的内存中,并有可能

随后存储在计算机的内存中。2001年11月至2002年6月,在1.0m深处测温钻孔中土体温度变化的观测结果如图5.33所示。

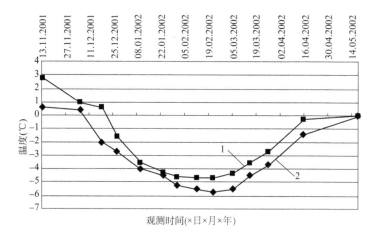

图5.33 在1.0m深处测温钻孔中土体温度变化观测结果
1-1号温度观测孔;2-2号温度观测孔

从图5.33中可以看出,距路堤表面1.0m处的温度升高,即在路堤主要部位的主体中,由于铺设了6cm厚的挤塑聚苯乙烯保温材料,温度平均上升了0.2~1℃。在实验段气候、地质、热物理和物理力学条件下,温度的这种升高并不能消除冻胀力对铁路上部结构的影响,因为大多数土体的有效冻胀温度范围为-0.3~-8.0℃。

我们曾对保温层使用的有效性进行了评估。根据建筑行业标准《多年冻土地基与基础设计规范》(СНиП 2.02.04—88)和《建筑热技术》(СНиП II-3—79)选取了计算中土体和轨枕的热物理指标,见表5.6。

土体和轨枕的热物理指标　　　　表5.6

层 类 别	ρ_d (t/m³)	w_{tot}	w_p	T_s (℃)	T_{bf} (℃)	$T_{a.c}$ (℃)	T_f (℃)	λ_{th} kJ/(月·m·℃)	λ_f	C_{th} kJ/(m³·℃)	C_f	L_0 (kJ/m³)
钢筋混凝土轨枕	2.4	—	—	5	—	—	—	5200	5200	2100	2100	—
碎石道砟	2.0	—	—	5	—	—	—	5518	5624	2260	2100	—
挤塑聚苯乙烯	0.15	—	—	5	—	—	—	131	131	170	170	—
硬塑粉质亚黏土	1.6	0.25	0.13	5	-0.3	-0.5	-7	2891	3206	2480	1890	335
软塑粉质亚黏土	1.6	0.25	0.13	5	-0.3	-0.5	-7	3968	4415	3150	2350	335

图5.34所示为从2001年11月到2002年6月这段时间内,距路堤表面1.0m深处土体温度变化数值模拟结果。可以看出,所得的温度值非常接近观测到的温度值。因此,通过实验确定气温的变化、路堤土体的热物理性质、路堤深度上的冬季湿度分布以及冬季的地下水位变化,可以更精确地收敛。对于所采用的解决问题的条件,从结果上看是令人满意的。

图5.35所示为用挤塑聚苯乙烯泡沫保温的路堤部位温度分布图。可以看出,在2001年12月保温层边缘和路堤的斜坡上等值线变密。

第5章 土体冻结、冻胀和融化过程计算的工程案例

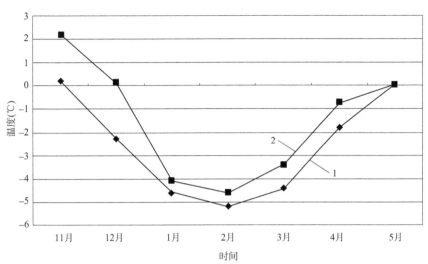

图 5.34　1.0m 深处土体温度变化数值模拟结果
1-无保温层;2-有保温层

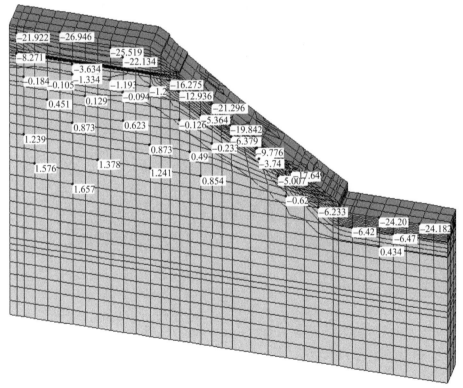

图 5.35　2001 年 12 月挤塑聚苯乙烯泡沫保温的路堤部位温度分布图(单位:℃)

从图 5.33~图 5.35 中可以看出,在实验区域条件下,挤塑聚苯乙烯泡沫层的厚度不足以降低主动冻胀的温度。为了确保在季节性冻土中路堤能够安全运行,建议对每个冻胀危险性地段进行详细的岩土工程论证,然后进行施工运营监测。在计算机化和高技术的时代,这项研究能够使我们可靠地预测冻结、冻胀和融化的过程,并有效地利用现代绝热土工材料来减少或消除这种负面影响。

5.7 后贝加尔湖铁路路堤冻胀和融化的数值模拟和实验研究

西伯利亚大铁路横贯贝加尔湖铁路的实验段长 900m,位于阿勒尔(Алеур)河的沼泽山谷中,路堤填方高度达 2m。在倾斜的山坡上,路堤底部高度差达 0.7m。山谷表面的坡度在洪水期间有助于路堤附近雨水和冻土融化水的积聚,从而产生围坝效果。铁路的这一路段在冬天经历冻胀季节性变形,而在夏天遭受由于冻土融化而产生的轨道沉降。

为了确定铁路变形的原因,在 9 个深达 3m 的钻孔中对路堤和基础土体进行了岩土工程勘察(Примак В. А 和 Полевиченко А. Г,1967 年)。实验现场的工程地质勘察揭示了路堤和地基土层。实验路段计算模型如图 5.36 所示。

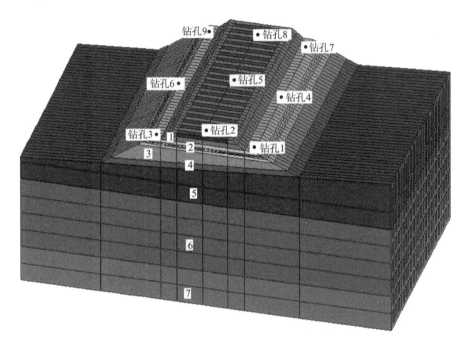

图 5.36 实验路段计算模型

1-0.5m 厚碎石道砟;2-0.6m 厚防冻胀矿渣垫层;3-厚达 1m 的半固态亚黏土;4-路堤垫层,粉质软塑亚黏土,最大厚度为 0.3m;
5-承重地基层,高达 1.0m 的亚砂土;6-混有砾石和卵石的饱和粗砂,最大厚度为 4.0~5.0m;7-混合有砾石的塑性亚砂土

从水文地质学的角度来看,研究区属永久性含水层,位于具有砾石和卵石的粗砂冲积层中。根据在勘探钻孔中的测量结果,地下水的深度为距地表 0.3~0.7m。

在实验期间,观测到的气温从夏季的 36℃ 到冬季的 -63℃ 不等。

该路堤的走向从西北到东南。此外,南部受到太阳辐射的影响位于赤塔—哈巴罗夫斯克方向的路堤右坡上。北侧的坡面(图 5.36 中的 3、6、9 号钻孔)较少暴露在阳光下,因此冻结深度更大。

表面变形是通过安装在路肩和路纵向中心轴上的水准点用水准测量法确定的。

根据档案材料和水准测量结果,发现在路段的防冻胀垫层修筑之前,随着负温度季节的到来,形成的冻胀高度超过 200mm,而在防冻胀垫层修筑之后超过 100~150mm。路堤冻胀

第5章 土体冻结、冻胀和融化过程计算的工程案例

的变形与高地下水位以及位于路堤底部的强冻胀亚砂土长期浸泡在水中有关。

实验中,将60cm厚的防冻胀垫层制成20~25cm厚的薄层。使用50~70cm厚的道砟层将铁路提升后安装防冻胀垫层。

为了确定测温钻孔中路堤内和基层的土体温度分布特征,安装了电子温度计。一年中每月进行一次温度测量。

实验观察表明,在安装了防冻胀垫层之后,到2003年11月底,路堤从斜坡一侧整个厚度全部冻结,而沿着路中线冻结一半。到2004年4月,冰冻深度已经低于地下水位。

在2003年11—12月,当土体地面冻深冻结至1.5m时,冻胀变形加剧;在2004年1—3月,随着土体逐渐冻结,基层变形超过30mm。在2003年11月,观测到最快的冻结速度。2004年4月,在最大冻结深度下的冻胀强度下降,这是由于气温升高和土体表层融化所致。2004年5月的融化速度最快。

研究表明,在实验路段安装冻胀垫层,可降低沿线路中轴线下的土体冻结深度,但是冻结过程包含了底部的地基冻胀土体,并促进了含水粗砂中水分的大量迁移,因此冻胀变形量仍然很大——达150mm。

为了对该问题进行全面研究,使用Termoground程序模块进行了数值建模。根据国家建筑行业标准《多年冻土地基与基础设计规范》(СНиП 2.02.04—88)和《建筑热技术》(СНиП II-3—79)选取了土体和轨枕的热物理指标,见表5.7。

土体和轨枕的热物理指标 表5.7

层 类 别	ρ_d (t/m³)	w_{tot}	w_p	T_s (℃)	T_{bf} (℃)	$T_{a.c}$ (℃)	T_f (℃)	λ_{th} kJ/(10年·m·℃)	λ_f	C_{th} kJ/(m³·℃)	C_f	L_0 (kJ/m³)
钢筋混凝土轨枕	2.4	—	—	5	—	—	—	1550	1550	2016	2016	—
碎石道砟	2.0	—	—	5	—	—	—	1550	1550	2016	2016	—
矿渣保温垫层	1.0	—	—	5	—	—	—	250	250	750	750	335
聚苯乙烯泡沫	0.15	—	—	5	—	—	—	43.2	43.2	170	170	—
半固态粉质亚黏土	1.4	0.30	0.13	5	−0.3	−0.5	−7	1253	1357	3020	2180	335
软塑粉质亚黏土	1.4	0.35	0.13	5	−0.3	−0.5	−7	1356	1434	3350	2350	335
塑态泥炭亚砂土	1.4	0.4	0.13	5	−0.3	−0.5	−7	1356	1555	3110	2120	335
含砾饱和粗砂	1.4	0.4	—	5	−0.3	−0.5	−7	1650	1849	2780	2060	335
塑态含碎石亚砂土	1.6	0.2	0.13	5	−0.3	−0.5	−7	1149	1305	2310	2140	335

为了研究冻结、冻胀和融化的过程,模拟了一年中路堤工作的各种方案:①在实施防冻措施前;②铺设矿渣保温垫层后;③铺设隔热材料后。

图5.37和图5.38分别为实施防冻胀措施前后2004年4月的温度和土体湿度分布。

路堤和地基土体的冻结促进了水分向冻结面的迁移以及明显的冻胀变形。在1年中的温暖季节,路堤和地基土体完全融化。铺设的由挤塑聚苯乙烯泡沫制成的隔热材料装置可减少路基土体负温下降值,减小冻胀产生的路基变形量。

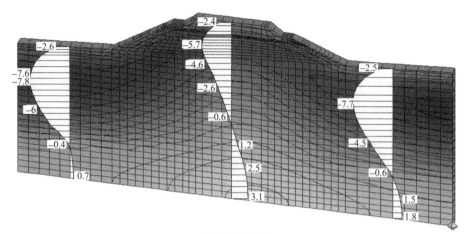

a) 实施防冻措施前

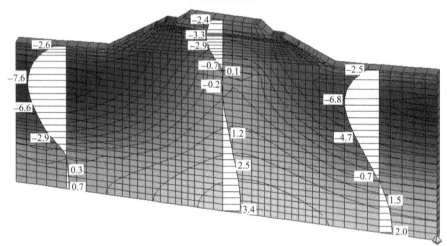

b) 铺设矿渣保温垫层后

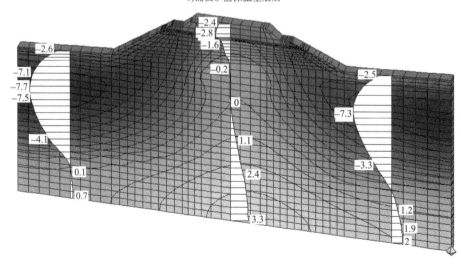

c) 铺设隔热材料后

图 5.37　路堤和地基温度分布（单位：℃）

第5章 土体冻结、冻胀和融化过程计算的工程案例

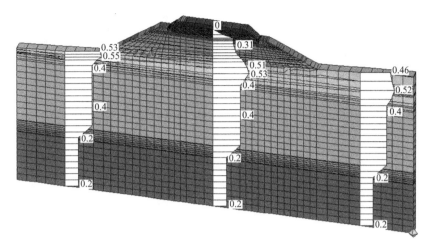

a) 实施防冻措施前

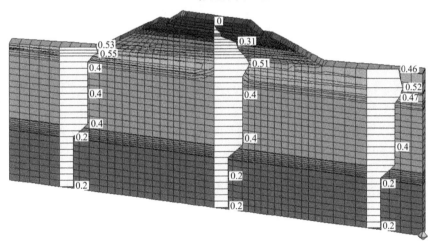

b) 铺设矿渣保温垫层后

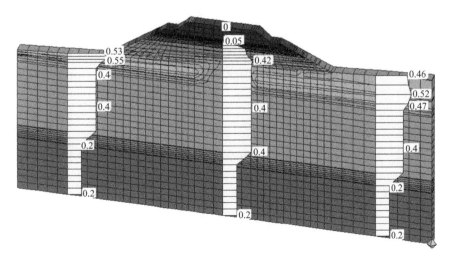

c) 铺设隔热材料后

图 5.38 路堤和地基湿度分布

在路基底面的冻结带中,土体水分的增加在5%界限以内。挤塑聚苯乙烯泡沫制成的隔热材料装置结构措施减少了对路堤主体的冻结、冻胀和融化的产生的影响,使冻胀变形量减小到10~15mm,如图5.39所示。

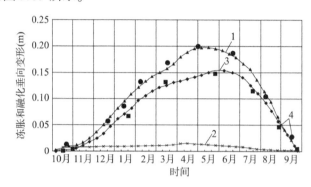

图5.39 线路中心路堤冻胀垂向变形
1-改建前路堤;2-铺设挤塑聚苯乙烯泡沫路堤;3-矿渣保温垫层路堤;4-实测值

矿渣保温垫层不能避免负温度渗入路堤主体,如图5.37b)所示,只能将冻胀变形的值减小到100~150mm,如图5.39所示。

通常,由于各种原因造成的冻胀和融化变形值不同,故会沿着整段研究路段发生平面曲率和纵曲线曲率变化。在实验路段气候和工程地质条件下,矿渣保温垫层无法起到理想的效果。对于后贝加尔湖地区的恶劣气候条件,仅用无冻胀材料置换冻胀危险土体是不够的。建议在实验段上,将挤塑聚苯乙烯泡沫塑料放置在路基的主要层位上。

5.8 铺设隔热层降低贝加尔湖铁路路堑段冻胀和融化变形的有效性研究

在跨西伯利亚铁路途经土体最大季节性冻深达到4.5m的后贝加尔湖地区,绝大多数厚度在该深度内的土体为冻胀危险性土。这条路的建设者们首次对冻胀造成的结构破坏给予了高度重视,他们指出,木桥和各种土木结构的冻胀是自然灾害,会给国民经济造成巨大损失。这个问题不论是在施工期间,还是在重建或大修期间都是一个现实问题。

为了减少或消除冻结、冻胀变形以及融化,加固冻胀危险区的路堤或路堑,主要采用挤塑聚苯乙烯泡沫塑料铺设有效的隔热垫层。

研究铁路路堑和位于边坡上的接触网支柱的冻结、冻胀和融化过程的数值模拟结果,可为横贯西伯利亚铁路远东多边形电气化段改建提供科学依据。地基和斜坡上是具有冻胀危险性的,粉质亚黏土冬季前湿度为25%~40%。土体和材料的热物理指标依国家建筑行业标准《多年冻土地基与基础设计规范》(СНиП 2.02.04—88)和《建筑热技术》(СНиП II-3-79)选取,并列于表5.8中。

土体冻结的标准深度为 $d_{fn}=1.8~2.0$m,具体数值取决于冻结土体中冬季水分的含量。当外部空气的温度下降到 $t=-30℃$时,在该路段土体冻胀量为 $h=2~10$cm。

在模拟实验中,在轨枕底部下方0.5m的深度处铺设了0.1m厚的隔热层。考虑到模型的对称性,只对结构的一半进行计算。

第5章 土体冻结、冻胀和融化过程计算的工程案例

土体和材料的热物理指标 表5.8

层 类 别	ρ_d (t/m³)	w_{tot}	w_p	T_s (℃)	T_{bf} (℃)	$T_{s,c}$ (℃)	T_f (℃)	λ_{th} kJ/(月·m·℃)	λ_f kJ/(月·m·℃)	C_{th} kJ/(m³·℃)	C_f kJ/(m³·℃)	L_0 kJ/(m³)
钢筋混凝土轨枕和支撑	2.4	—	—	5	—	—	—	5200	5200	2100	2100	—
碎石道砟	2.0	—	—	5	—	—	—	5518	5624	2260	2100	—
挤塑聚苯乙烯泡沫塑料	0.15	—	—	5	—	—	—	131	131	170	170	—
软塑粉质亚黏土	1.6	0.40	0.13	5	−0.3	−0.5	−7	4415	4888	1840	2480	335
硬塑粉质亚黏土	1.6	0.25	0.13	5	−0.3	−0.5	−7	3968	4415	3150	2350	335

图5.40和图5.41所示分别为加铺隔热层前后沿中轴线和边坡深度温度分布。

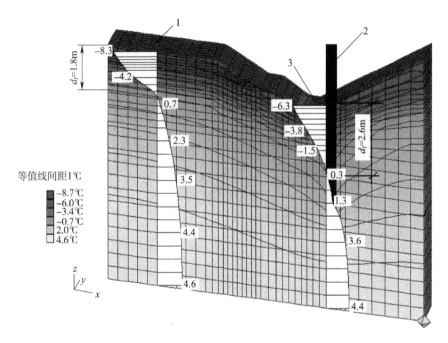

图5.40 路堑沿中轴线和边坡深度温度分布(单位:℃)
1-道砟；2-接触网支柱；3-边沟

在没有铺设保温层的情况下,路堑沿轴线的冻结深度达到1.8m。路堑沿轴线的冻胀量为23mm。在冻结的最初几个月中,冻胀变形急剧增加。可以假定,在给定的地质(粉质亚黏土)条件下,如果最大的土体隆起约为 $\Delta h = 25$mm,则当厚度为0.6m的亚黏土上层冻结时,冻胀隆起为15mm。随着下一个0.6m的冻结,隆起达到22mm,最终总冻结深度 $d_f = 1.8$m,则 $\Delta h = 25$mm。

接触网支撑支柱的冻结深度为 $d_f = 2.6$m。由于冻结层中土体湿度是由于从地下水含水层迁移而来,故在保温层下增加到30%、在边坡上增加到40%的主要原因是冻胀,如图5.42所示。

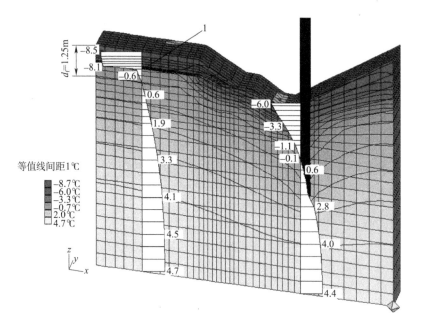

图 5.41　加铺隔热层的路堑沿中轴线和边坡深度温度分布（单位：℃）
1-挤塑聚苯乙烯泡沫

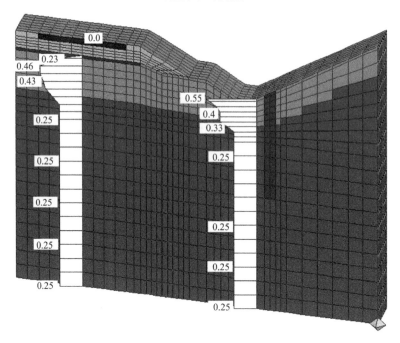

图 5.42　加铺隔热层的路堑沿中轴线和边坡深度湿度分布

支柱的垂直变形不大，而倾向轴线方向的水平位移在一年中为 9mm。在边坡上观察到了最大的冻胀变形（$\varepsilon_{fh}=44mm$）和融化变形（$\varepsilon_{th}=86mm$）值，如图 5.43 所示。

当在路堑开挖平台上铺设挤塑聚苯乙烯泡沫时，冻胀的值减小至 9mm，该值低于此类铁路的最大允许值 20mm。

第5章 土体冻结、冻胀和融化过程计算的工程案例

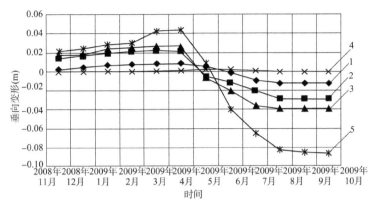

图5.43 冻结和融化表面变形
1-中轴线；2-路肩；3-边沟底；4-接触网支柱；5-路堑边坡

5.9 萨哈林铁路路基冻胀和融化过程研究

在萨哈林铁路轨道重建至1520mm轨距的项目中，要求使用现代岩土工程技术和土工材料评估冻胀危险性高的路段路基修筑方案（Кудрявцев С. А, 2004 年）。

在萨哈林铁路条件下的铁路路堤重建过程中，提出了以下路基结构设计方案，该结构设计是由远东国立交通大学的员工在"铁路轨道，地基和基础"教研室主任 Стоянович Г. М 教授的领导下确定的，该设计对现有结构进行了大量岩土工程勘测，如图5.44 所示。

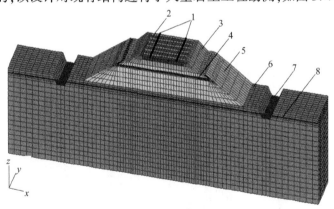

图5.44 萨哈林铁路改建时铁路路堤数值分析模型
1-轨道；2-轨枕；3-碎石；4-挤塑聚苯乙烯泡沫；5-砂石混合土；6-粉质亚黏土地基；7-排水沟；8-地下水位

本书作者对提出的结构方案用数值方法进行了分析。根据建筑行业标准《多年冻土地基与基础设计规范》（СНиП 2.02.04—88）和《建筑热技术》（СНиП II-3—79）选取了土体和材料的热物理指标，见表5.9。

本书作者对萨哈林铁路北部和南部的气候条件进行了分析研究。根据建筑行业标准《建筑气候》（СНиП 23-01—99）获取了平均每月和每年气温的气候特征。

由于设计方案的对称性，因此只对路堤横截面的一半进行了计算。

图5.45 和图5.46 分别为路堤和地基在2007年3月底的温度和湿度分布。由于排水沟中衬砌材料湿度不同，以及有土体热导和水的存在，如图5.45 所示，当水进入冰中时会产生

一定的热帘效应,这说明了砂土路堤和排水沟的冻结深度不同。

土体和材料的热物理指标 表5.9

层 类 别	ρ_d (t/m³)	w_{tot}	w_p	T_s (℃)	T_{bf} (℃)	$T_{s.c}$ (℃)	T_f (℃)	λ_{th} kJ/(月·m℃)	λ_f kJ/(月·m℃)	C_{th} kJ/(m³·℃)	C_f kJ/(m³·℃)	L_0 (kJ/m³)
钢筋混凝土轨枕	2.4	—	—	5				5200	5200	2100	2100	—
碎石道砟	2.0	—	—	5				5100	5100	2100	2100	—
挤塑聚苯乙烯泡沫	0.15	—	—	5				131	131	170	170	—
含砾砂	1.6	0.20	—	5	−0.3	−0.5	−7	5650	6228	2310	2140	335
软塑粉质亚黏土	1.8	0.40	0.14	5	−0.3	−0.5	−7	4126	4730	3170	2410	335

在 2007 年 3 月,路堤主体的冻结深度约为 1.7 m,排水沟沟底以下的冻结深度约为 1.4m,如图 5.45 所示。有水分迁移到冻结的土体中,土体水分增加 20%,尤其是在路堤底部和地基接触部位,如图 5.46 所示。由于水分的迁移,冬季沿线路中轴线和轨道处的冻胀量约为 27mm,排水沟的底部约为 37mm,如图 5.47 所示。在 2007 年 5—7 月,冻土沿线路中轴线和轨道处的融化沉降量约为 38mm,排水沟的底部约为 70mm。而南部 СахЖДДолинск-南萨哈林斯克数值分析也得到了相似的结果,但在数量上有所不同。

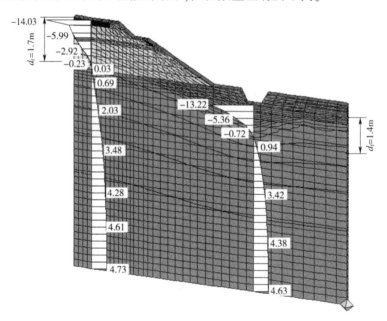

图 5.45 路堤和地基中的温度分布(单位:℃)

上述获得的冻胀和融化值使得在铁路设计时,有必要采取措施来减少或消冻胀力对铁路上部结构的影响。

在对计算结果进行分析的基础上,本书作者提出了一种挤塑聚苯乙烯泡沫隔热板的铺设技术,并对于铺设挤塑聚苯乙烯泡沫隔热板进行了数值分析:从轨枕处以 0.5m 的深度铺设挤压聚苯乙烯泡沫板,其厚度分别取 50mm、100mm 和 150mm,宽度为 1200mm,长度分别

第5章 土体冻结、冻胀和融化过程计算的工程案例

为4000mm和6000mm,呈条带状。

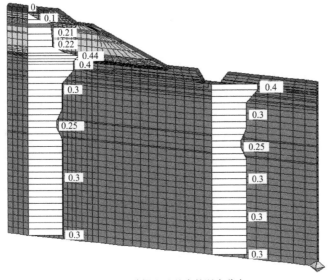

图5.46 路堤和地基中的湿度分布

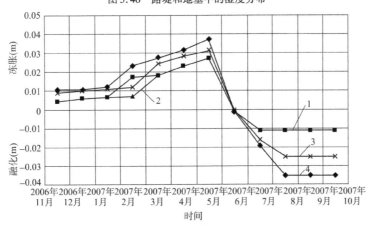

图5.47 Ноглики市地表冻胀和融化计算变形年内变化
1-路中轴;2-轨道;3-路肩;4-排水沟沟底

当使用厚度为50mm、长度为4000mm的挤出聚苯乙烯泡沫塑料时,冻胀变形减少了2倍以上,但是,由于路堤中更易冻结的部分——路肩和边坡区域的水分含量较高,因此这些部位的融化沉降变形并未排除。在当地气候条件下,在路堤中使用厚度为50mm、长度为6000mm的挤塑聚苯乙烯板可减少冻胀力的影响。尽管如此,在冬春时期仍观察到了上部结构的表面有微小的偏移(7~9mm)。

当分别使用厚度为100mm和150mm、长度为6000mm的聚苯乙烯板时,可以完全排冻胀力对上部结构的影响。铺设挤塑聚苯乙烯泡沫隔热板后路堤和地基中的温度、湿度分布分别如图5.48、图5.49所示。

在2007年3月,路堤的冻结深度约为1.6m。此外,在隔热材料以下至0.6m的深度处,路堤中的土体温度从−2.0℃升至−0.46℃,即主动冻胀的温度范围在深度上和数量上都显著减小了。水分从地下水位向隔热层以下路堤土中的迁移增加了5%~7%。由图5.50可见,实际

上并没有引起冻胀。与此同时,在南部 СахЖДДолинск-南萨哈林斯克也得到了类似的结果。

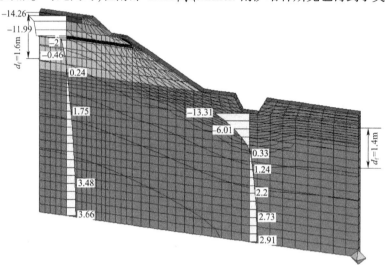

图 5.48 铺设挤塑聚苯乙烯泡沫隔热板路堤和地基中温度分布(单位:℃)

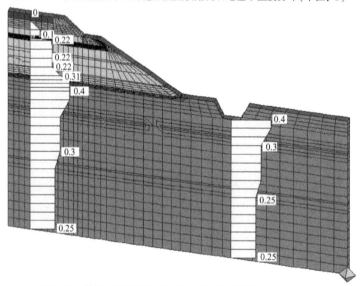

图 5.49 铺设挤塑聚苯乙烯泡沫隔热板路堤和地基中湿度分布

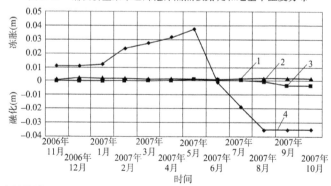

图 5.50 Ноглики 市铺设厚 100mm、长 6000mm 挤塑聚苯乙烯泡沫隔热板地表冻胀和融化变形量一年内变化情况
1-路中轴;2-轨道;3-路肩;4-排水沟沟底

第5章 土体冻结、冻胀和融化过程计算的工程案例

5.10 哈巴罗夫斯克边区 Бикин 市冷库冻胀变形计算

选择哈巴罗夫斯克边区 Бикин 市监测 20 年的冷库作为冻胀过程模拟案例（Кудрявцев С. А,2003 年；Кудрявцев С. А 和 Тюрин И. М,1999 年），其一般概况见第 1 章。计算模型如图 5.51 所示。

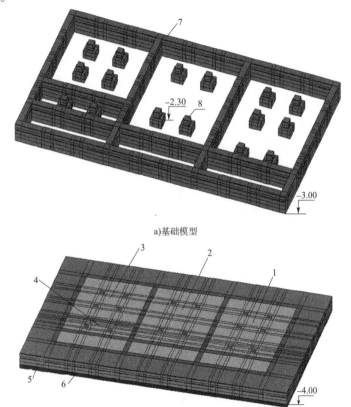

a)基础模型

b)带土层冷库建筑物模型

图 5.51 计算模型(单位:cm)

1-1 号冷室；2-2 号和 3 号冷室；3-4 号冷室；4-5 号冷室；5-亚黏土；6-含砾砂土；7-条形基础；8-柱式基础

根据建筑行业标准《多年冻土地基与基础设计规范》(СНиП 2.02.04—88)和《建筑热技术》(СНиП II-3—79)选取了土体和材料的热物理指标，见表 5.10。

土体和材料的热物理指标　　　　　　　　　　　　　表 5.10

层 类 别	ρ_d (t/m³)	w_{tot}	w_p	T_s (℃)	T_{bf} (℃)	$T_{s.c}$ (℃)	T_f (℃)	λ_{th} kJ/(年·m·℃)	λ_f kJ/(年·m·℃)	C_{th} kJ/(m³·℃)	C_f kJ/(m³·℃)	L_0 (kJ/m³)
基础	2.2	—	—	5	—	—	—	62000	62000	2100	2100	—
软塑亚黏土	1.8	0.4	0.15	5	−0.3	−0.5	−7	49511	56764	3170	2410	335
塑态亚砂土	1.6	0.4	0.07	5	−0.3	−0.5	−7	58657	62126	2480	2840	335
饱和粉砂	1.6	0.40	0.13	5	0	−0.5	−7	78840	86093	3150	2350	335

冻结第 7 年冷库地基温度分布和上部结构冻胀变形情况分别如图 5.52、图 5.53 所示。从图中我们可以得出以下结论：在前 1.5~2 年(1951—1953 年)，没有加热地板的冷库运行过程中地板及其下方的土体遭受冻结,冻结深度达 0.5m,地板最初隆起 2—5cm 以及立柱和隔断的上升证明了这一点。在接下来的 5 年(1953—1958 年)中,地基土体的冻结深度达到 1.5m。7 年间地板和土体的平均冻结速度为 21.4cm/年,不同冷室中的冻胀隆起速度为 1.42~3.35cm/年。在修复后的第 13 年(1971 年)之后(修复是将变形隆起的地板用矿渣加厚 60cm,导致地基承受的压力增加到 27kPa),地基的冻结速度降低了 3.48 倍,达到 6.15 cm/年,冻结深度增加了 0.8m(总计 2.3m),但冻胀隆起速度增加了 2 倍,达到 3.07~6.14 cm/年,这是由于有利的温度和湿度条件使水迁移到冷室底部的结冰层所致。截至 1971 年,即冷库运行第 20 年,冷室地板隆起高度为 K-1:20~25cm;K-2、K-3:30~40cm;K-4:55cm。考虑到 1958 年的隆起"驼峰"清除(30cm),在冷室 K-4 中,总地板冻胀隆起平均达到 85cm。

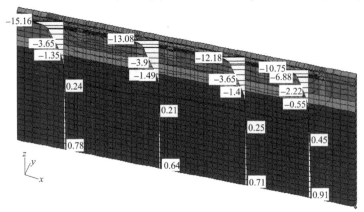

图 5.52 冻结第 7 年冷库地基温度分布(单位：℃)

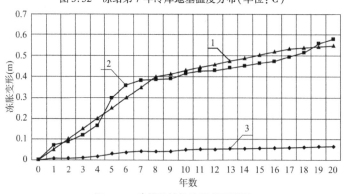

图 5.53 建筑物结构冻胀变形情况
1、2-4 号冷室地板变形实测和计算值;3-基础外侧计算变形

5.11 水泥注浆加固融化土体时冷库地基融化和冻胀变形评价

在本节中,我们对第 1 章中所述的圣彼得堡 Невельской 街冷库地基的土体冻结、冻胀和融化过程进行数值模拟分析。

第5章 土体冻结、冻胀和融化过程计算的工程案例

对变形的冷库建筑物进行大修应该考虑到地基中厚透镜体状冻土的存在。在安装加热地板时，建筑物下方的冻土层将逐渐融化，直到完全消失，这将导致地板和支撑结构的沉降变形。在这种情况下，融化变形的总沉降量将大大超过由冻胀引起的隆起变形，这是由于冻结过程中水分迁移导致土体水分增加，而对于黏土土体，其水分常常超过液限。

在对冷库建筑物进行大修时，上述情况迫使要么重新修筑桩基础，要么融化现存冻土土体，并同时伴随注浆以补偿沉降变形。如果部分解冻，则后一种方法可能会非常快速且经济，即通过劈裂法将溶液注入塑性冻土中（Сахаров И. И 和 Захаров А. Е，2001年），如图5.54所示。注入的水泥浆可在硬化过程中产生热量，为冻土土体加热及助其解冻，这一过程靠含有大量的硅酸钙和铝酸钙水泥基浆体地基土将地基土加固。

用水力劈裂具有低负温度的冻土方法加固是困难的，甚至是不可能的。因此，应该将低温冻土进行加热升温至 -2 ℃ 左右或更高的温度。可以使用临时电缆从表面进行加热，也可以使用管状加热器在预期注浆的深度内进行加热。

这种通过将部分土体加热和补偿注入来加固冻土的技术需要相当严格的计算依据，包括热物理和变形空间计算。此类问题的解决方案在相关文献中已有涉及（Парамонов В. Н 等，2002年；Сахаров И. И 等，2002年）。

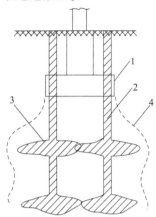

图5.54 注入水泥浆加固塑性冻土地基示意图

1-基础；2-注浆钻孔；3-浆液透镜体；4-融化区轮廓线

解决这类问题的首要任务是在不同地方进行实验，以确定地基的冻结深度。然后，应该解决能够评估冷冻过程与时间关系的温度问题。最后是在空间上求解，从而确保解的正确性。另外，冻结的求解应考虑在负温度范围内水分的相变。数值解使得可以模拟先前冻结的背景，例如地板加热系统出现故障等。

根据建筑行业标准《多年冻土地基与基础设计规范》（СНиП 2.02.04—88）和《建筑热技术》（СНиП II-3—79）获得土体和材料的热物理指标，见表5.11。

土体和材料的热物理指标　　　　表5.11

层类别	ρ_d (t/m³)	w_{tot}	w_p	T_s (℃)	T_{bf} (℃)	$T_{s,c}$ (℃)	T_f (℃)	λ_{th} kJ/(年·m·℃)	λ_f kJ/(年·m·℃)	C_{th} kJ/(m³·℃)	C_f kJ/(m³·℃)	L_0 (kJ/m³)
基础	2.2	—	—	8	—	—	—	62000	62000	2100	2100	—
沥青	2.12	—	—	8	—	—	—	21000	21000	4438	4438	—
陶砾	0.6	—	—	8	—	—	—	5800	5800	504	504	—
混凝土	2.4	—	—	8	—	—	—	56500	56500	2016	2016	—
饱和粉质砂土	1.8	0.27	—	8	0	−0.5	−7	84201	89562	3170	2410	335
软塑亚黏土	1.5	0.27	0.16	8	−0.3	−0.5	−7	54962	58026	2698	2278	335

图5.55所示为调查时冷库地基的温度分布。当未采取通风预防措施来消除建筑物的这种不利影响，并关闭地板采暖后，冷库地基土体预测未来10年的冻结深度随时间的变化关系如图5.56所示。

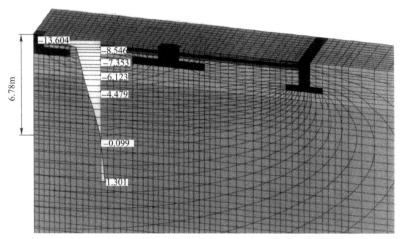

图5.55 调查时冷库地基的温度分布(单位:℃)

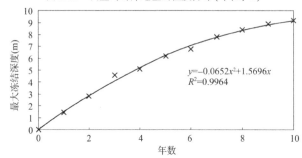

图5.56 关闭地板采暖后冷库地基土体冻结深度随时间变化情况

从图5.56中可以看出,冻胀变形的进一步发展是很危险的,因此必须对冷库进行维修。传统意义上的维修方法提出建筑物停产,并对已冻结的地基进行完全融化。该过程非常耗能且耗时,并且在现代条件下不能满足个体所有者的要求。然而更为重要的是,如上所述,完全融化的沉降量会超过冻胀隆起的变形量。

图5.57所示为地板加热系统故障后6年内冷库地基的冻结区域。

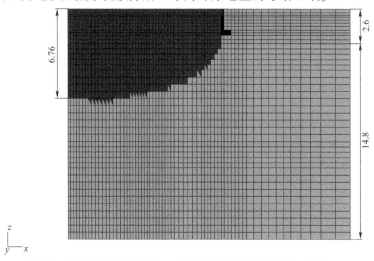

图5.57 地板加热系统故障后6年内冷库地基的冻结区域(尺寸单位:m)

第5章　土体冻结、冻胀和融化过程计算的工程案例

图 5.58 所示为使用 Termoground 程序模块获得的针对建筑物截面的冷库地基融化过程中基础位移随时间变化的情况。

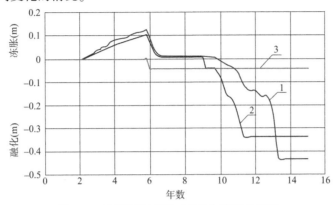

图 5.58　冷库地基在融化时基础位移随时间变化
1-中部基础；2-位于中部和外墙之间基础；3-外墙基础

图 5.59 所示为在安装加热地板 3 年后，已冻结地基的冻结和融化区域。

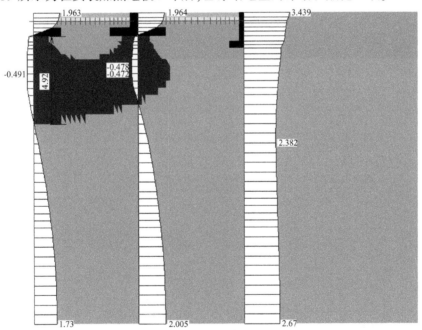

图 5.59　安装加热地板 3 年后已冻结地基的冻结和融化区域（单位：m）

从图 5.58、图 5.59 中可以看出，中间基础的沉降量达到 45cm，而边缘基础几乎没有沉降。这意味着全部融化已经冻结地基土的方案将导致地上结构的灾难性变形，直至坍塌。因此，必须在融化地基土的同时采取补偿措施。前述水力劈裂注浆加固方法应该是最理想的。

在硬化水泥砂浆放热过程中对地基冻土加热进行建模时，应设置水泥地层中温度变化的相应规律。这个复杂的问题是建筑材料领域学者们研究的主题，到目前为止未能最终解决。由文献可知由不同学者提出了多种放热公式，Гвоздев А. А 在 1953 年提出了等温条件下放热速度的表达式。在 Запорожц И. Д 等人 1966 年的文献中，给出了放热方程的标准形式，该公式将相对放热与无量纲时间因子相关联。在后来的文献中（Кульчицкий В. А 等，

2002年),提出了另一种表达方式。

我们后续的工作,没有停留在建立放热规律的问题上,而是把重点放在了注入一定数量浆液的冻融土体中温度场的数值模拟方面。因此,对上述过程进行建模时,曾采用了多个放热公式。为了获得正确的数值模拟结果,我们根据实验数据设置了放热规律。作为工程示范,引用了Запорожц И.Д等人于1966年的研究成果。

分析等温条件下溶液放热的实验数据(加热的冻土在等于0℃的恒定温度下融化),可以确定1克普通水泥砂浆M400一年能够释放约419J的热量。此外,在硬化的第一个月内便可释放出约80%的热量。典型的水泥浆液放热量随时间变化曲线如图5.60所示。

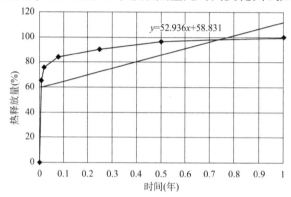

图5.60 水泥浆液放热量随时间变化情况

为了简化计算,采用图5.61所示的线性图作为放热公式。

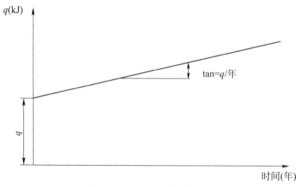

图5.61 水泥浆液放热近似图

进行注浆设计时,根据预期的融化沉降量值确定补偿注浆量。除了图5.58所示的计算结果,还要根据建筑行业标准《多年冻土地基与基础设计规范》(СНиП 2.02.04—88)分析确定总和值,其总和由以下两项组成:①来自基础底面压力对土体压实而产生沉降量s_p;②由于土体自重引起的融化冻土而产生的附加沉降量s_{th}(即所谓的"荷载沉降量"和"热沉降量")。

钻孔时,从岩芯中取样,并确定其所有物理力学指标,包括融化系数$A_{th,i}$和融化土的可压缩系数δ_i,这是计算沉降量所必需的参数。从深度2.5m和4m处进行了取样。

融化过程中计算出的附加沉降量s_{th}为32.6cm,荷载沉降量s_p为15.3cm。中心柱下方基础的总预计沉降量为32.6cm+15.3cm=47.9cm,该沉降量值接近于图5.58所示计算的数值解。但应该指出的是,这个沉降量是从之前已经存在的基础高程位置开始算起,也就是说

第5章　土体冻结、冻胀和融化过程计算的工程案例

其中含有冻胀隆起的 22cm。因此,最终的沉降量应为 47.9cm － 22cm ＝ 25.9cm。根据《构筑物地基》(CHиП 2.02.01—83),最大允许沉降量为 15cm,该最终的沉降量为最大允许沉降量的 1.73 倍。这意味着在地基的人为融化期间,冷库建筑物的地上结构的预期变形很大并且是不允许的。

基于得到的最大融化沉降量值,可确定所需的水泥浆液透镜体厚度。浆液透镜体砂浆层的最大厚度在建筑物的纵向对称轴下为 0.25m,向外墙侧逐渐减小。注浆应该在一个水平面上通过钻孔底部灌注进行。

根据水泥浆液透镜体尺寸,计算放热量,按式(5.1)确定质量:

$$M = V \cdot \gamma \tag{5.1}$$

式中:M——砂浆质量;
　　　V——砂浆体积;
　　　γ——砂浆容重,取 18kN/m³。

每年的放热总量为 $Q = 100 \text{cal}/(\text{g} \cdot M)$。考虑到在 1 个月内释放了大约 80% 的热量,可以通过式(5.2)计算注浆开始后的瞬时热量释放:

$$q_{\text{мгн}} = 0.8 \cdot \frac{Q}{\mathrm{d}t} \tag{5.2}$$

式中:$\mathrm{d}t$——时间步长。

接下来的 11 个月中的逐步放热由式(5.3)确定:

$$q_{\text{ст}} = 0.01 \cdot \frac{Q}{\mathrm{d}t} \tag{5.3}$$

注浆后 1 年或更长时间后放热不考虑在内,因为量很小。本书作者对表面加热和深部加热(两个长度的注浆管)注入的注浆溶液放热而引起的地基加热进行了数值模拟分析。

图 5.62 所示为埋入管状加热器(最佳情况)运行 6 天(加热器平面中的垂直截面)后地基土温度分布。管状加热器位于基础的外边缘,间距为 3.0～3.3m。

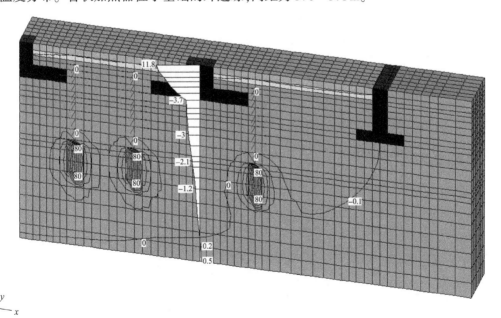

图 5.62　管状加热器开始工作 6 天后地基土温度分布(单位:℃)

在平面注浆时,冻土加热的局部效果如图5.63所示。

从图5.63中可以看出,注入平面中的温度平均为-1.3℃,这使得在该区域中以不大于1.5~2MPa的压力进行水力劈裂泵送水泥浆是可行的。

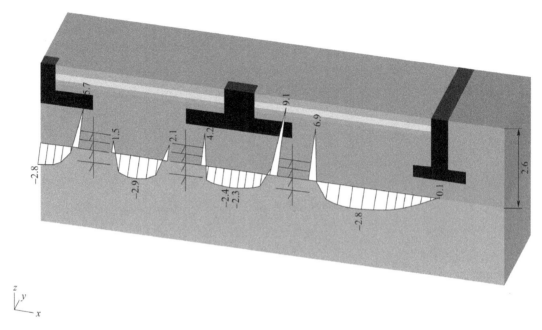

图5.63 管状加热器开始工作6天后注浆平面内温度分布(单位:℃)

冷冻层的演变和注浆后温度随时间的分布如图5.64~图5.66所示。

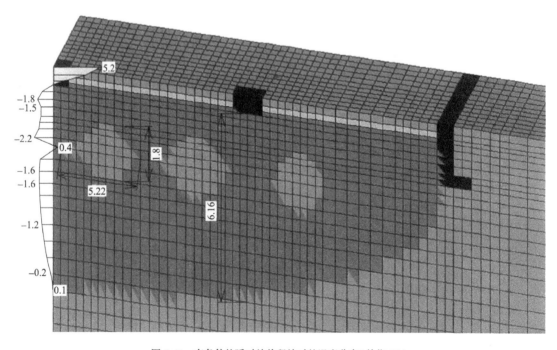

图5.64 有条件的瞬时放热释放时的温度分布(单位:℃)

第5章 土体冻结、冻胀和融化过程计算的工程案例

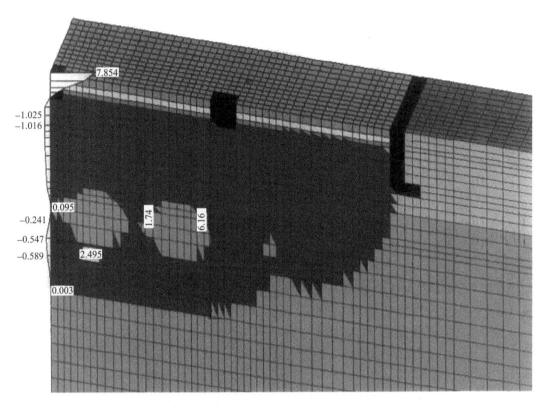

图 5.65 注浆完成 1 个月后融化区轮廓及温度分布(单位:℃)

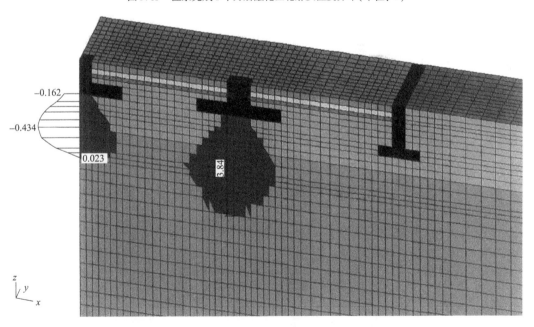

图 5.66 注浆完成后 3 年后融化区轮廓及温度分布(单位:℃)

因此,上述用于解冻冻土的技术可能是非常有效的。该技术实际上允许将结构从一种准则转移到另一种准则(从准则Ⅰ到准则Ⅱ),并可以应用于任何建筑物和结构中。

5.12 冬季基坑冻结问题

基坑坑壁冻结的问题是非单向冻结的一个突出例子,其解的客观性来自以下考虑。当必须开挖深大基坑时,施工通常会持续很长时间,甚至经受寒冷的冬季。正如 2008 年的经济危机所经历的那样,施工停工的情况也很常见。北方寒冷的冬季可导致冻胀变形,影响基坑围护结构的稳定。

在施工实践中,冬季基坑围护结构的内撑受力比最初增加了 30% 或更多(Мельников А. В 和 Васенин В. А,2010 年)。因此,需要考虑非单向冻结过程中的冻胀变形以及由此导致的增力。

本书图 1.11 所示为位于圣彼得堡 Решетников 街上的一个基坑。该支护结构在施工现场被冻结,并且在冬季期间记录到围墙和坑底的大变形以及锚的破坏。产生变形的原因之一是位于基坑坑壁边坡侧土体发生了冻胀。

解决此类问题时,应至少考虑以下两点:

(1)必须解决温度问题,因为考虑到工程上二维冻结的实践经验很少,并且实践经验也不能用于评价在空间变化的冻结层的厚度。

(2)将冻胀各向异性指标应用到计算中,一些研究中甚至一维冻结研究考虑该指标,是有难度的。

作为例子,我们对冻胀各向异性系数对基坑壁的应力-应变状态的影响进行了数值评估。计算模型如图 5.67 所示。

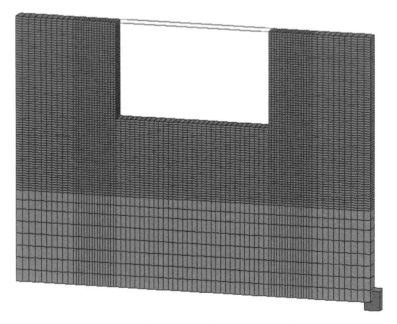

图 5.67 计算模型(深 5m、宽 10m 的基坑)

在该问题中,考虑了在上部设置有一层内撑的板桩墙加固基坑坑壁的情况。为解决地表面和开挖轮廓面上的温度问题,将恒定温度设定为 −18℃,持续 3 个月。土体采用一层均

第5章 土体冻结、冻胀和融化过程计算的工程案例

匀的亚黏土。土体的热物理特性如下:融化土体的热导率为4125kJ/(月·m·℃);冻结土的热导率为4730kJ/(月·m·℃);解冻土体的热容为3170kJ/(m·℃)。

根据温度问题的求解结果,最大冻结深度为1.5m,如图5.68所示。从图中可见冻结层的厚度沿着基坑开挖的轮廓不是恒定的,从基坑的表面到底部逐渐减小。这种差异非常大(最多达2倍),这证明了需要严格解决温度问题的必要性。

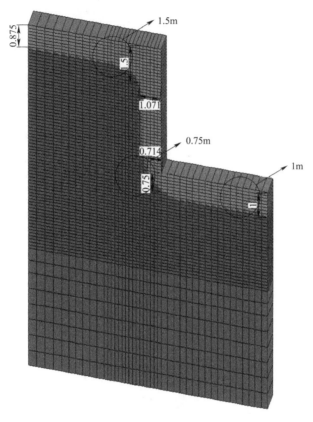

图5.68 冻结深度(单位:m)

为了评估冻胀各向异性系数对基坑底部和坑壁应力-应变状态的影响,本书作者进行了一系列相应的计算(Сахаров И. И 和 Парамонов М. В,2012年)。为了得出准确结果,进行了5种工况的数值模拟分析,其中冻胀各向异性系数 Ψ 分别取 0、0.5、1、−0.5 和 −1。

图5.69~图5.71所示为 $\Psi=0$、1 及 −1 冻结开始后 3 个月的板桩水平位移、基坑底和表面沉降的轮廓和曲线。当冻胀各向异性系数的值发生变化时,不仅数值结果发生变化,变形的方向也发生变化。这种变形导致板桩内力,尤其是内撑力发生重大变化。冻结前内撑的受力计算值约为20kN/m,随着冻结进行,根据各向异性系数的值不同,在冻结过程中可以看到力的单调变化,如图5.72所示。这里暂且不评论 Ψ 取负值时在工程实际中的遇到的可能性,应该注意的是,当 $\Psi=1$ 时内撑力增加显著,对于均匀的体积冻胀,内撑力增加超过200kN。

显然,这些值是所有可能出现的最大值,并且在实际情况中不太可能出现。然而,冻胀的各向异性系数正值的较小变化,会导致围护结构内撑力增加数倍。

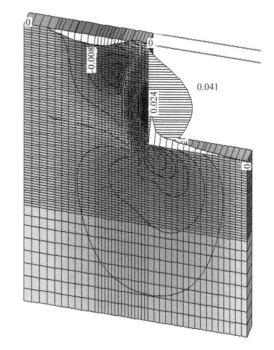

图 5.69　$\Psi=0$ 时水平位移等值线图、基坑表面和坑底沉降变形图及板桩水平位移图(单位:m)

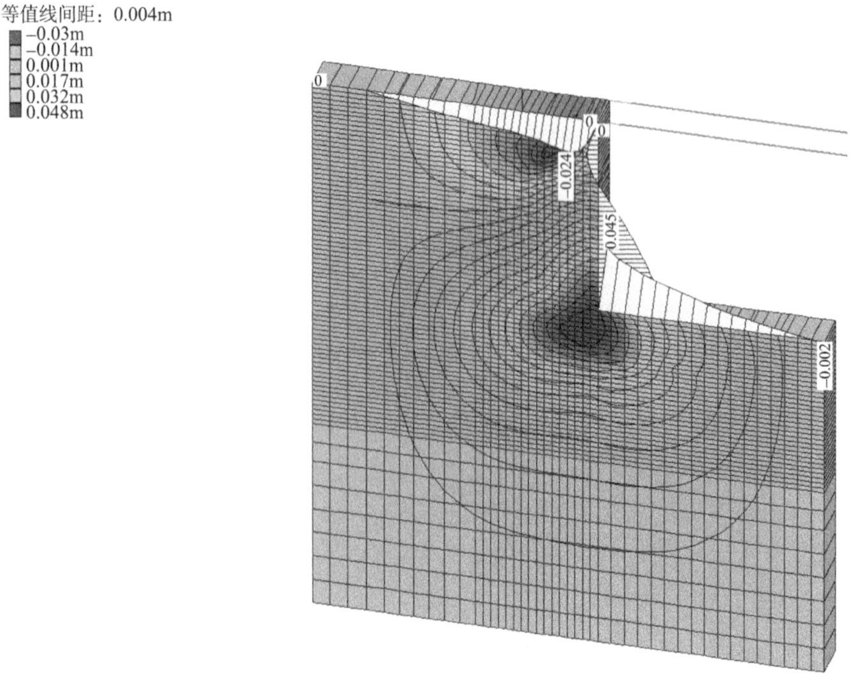

图 5.70　$\Psi=1$ 时水平位移等值线图、基坑表面和坑底沉降变形图及板桩水平位移图(单位:m)

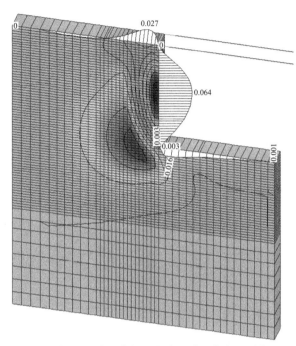

图 5.71 $\Psi=-1$ 时水平位移等值线图、基坑表面和坑底沉降变形图及板桩水平位移图(单位:m)

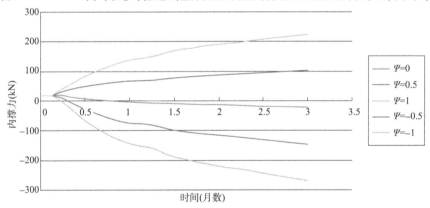

图 5.72 冻胀的各向异性系数随时间冻结过程中内撑力变化

5.13 在日照不均的季节性冻土上的建筑物变形

对自然条件下的冻结、冻胀和融化问题进行数值模拟时,主要有如下难点:

(1)必须将从气象站获取的温度数据引入计算模型中,但这些气象站通常距离计算对象所在地点很远。

(2)计算时须考虑由于建筑物周围日照不同而造成的冻结不均匀(北半球通常北侧较深)。

(3)须考虑冰雪覆盖的存在及其在不同密度下覆盖层的热物理性质。

上述问题必须在计算中予以考虑(Сахаров И. И 和 Парамонов М. В,2012 年),但需要指出的是,将上述三种情况的参数组合在一起,不可避免地会导致最终结果出现一些错误。例如,我们分析一下在桩基础上框架建筑物地基温度场的计算结果,该地基被冻结并在建筑物投入使用和开启供暖时产生后续的沉降变形。2012年3月进行调查时,于2004年投入使用的该建筑物东北部的一部分基础已产生的沉降量超过19cm,如图5.73所示。其中,个别基础的沉降倾斜超过了0.018,这导致地下室地板的沉降变形、隔墙沉陷、节点板裂缝、梁和柱子的某些焊接接头的破坏、楼板倾斜(参见本书图2.4~图2.9),这些表象预示着框架有坍塌的危险。

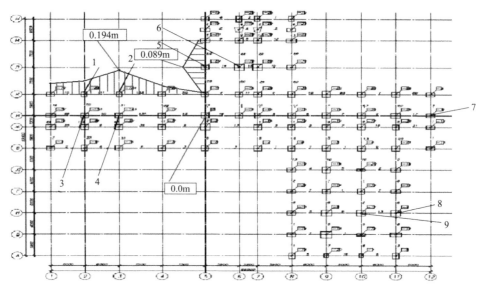

图5.73 建筑物东北部分基础沉降变形结果

注:图中1~9为观测桩编号。

考虑建筑物东北部存在背阴面,本书作者对该建筑物进行了数值模拟分析。模型的计算期为3年(自2003年建造建筑物框架开始计算),按每月划分。计算模型如图5.74所示。

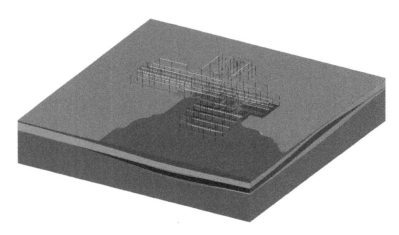

图5.74 建筑物和地基联合计算模型

背阴面的存在导致土体冻结明显不均匀。如果在开放地面上计算的冻结深度为2.4m,

第5章 土体冻结、冻胀和融化过程计算的工程案例

那么在背阴地面上该冻结深度则达到近 5.7m,如图 5.75 所示。

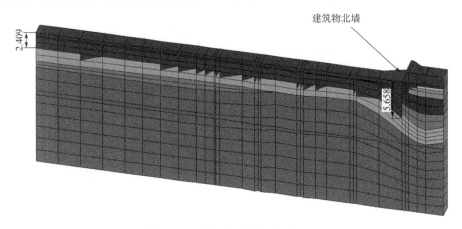

图 5.75　冻结深度不均匀(单位:m)

建筑物东北角的表面阴影导致冻结深度阶跃的形成,包括在未供热建筑物地下室中的冻结,如图 5.76、图 5.77 所示。

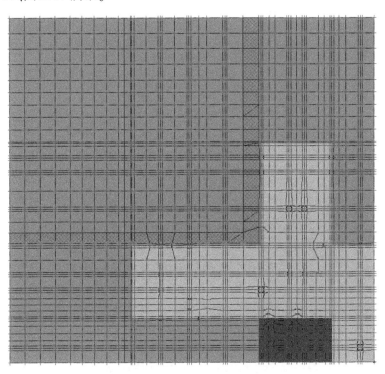

图 5.76　建筑物北墙和东墙的选定土体局部图

后来,地下室中冻土的融化导致地板(图 5.78)和桩群沉降,负摩擦力加剧了沉降的产生。

计算结果表明,所计算的沉降量与实际观测数据具有较好的一致性。同时,位于建筑物东北部桩基础(群桩沉降量为 12~22cm)与其余部位桩基础(最大沉降量为 3.5cm)之间的沉降量存在显著差异。

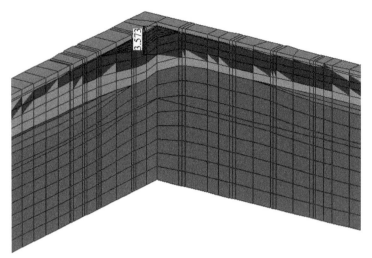

图5.77 2005年6月北墙和东墙附近冻结深度阶跃的形成(单位:m)

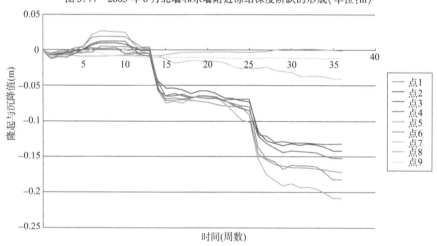

图5.78 地板随时间隆起与沉降位移图
注:图中沉降曲线编号与图5.73中数字一致(桩的位置)

5.14 冻结法地铁倾斜隧道融化时土体变形

在圣彼得堡,通常采用人工冻结的方法来进行地铁倾斜隧道的施工。人工冻结的方法包括创建冰土圆柱体,其壁厚可以超过2~3m。人工冻结时,如此大尺寸的冷冻土层会导致较大的冻胀变形量;而在人工冻结冰土衬层融化时,将产生特别大在融化变形。由于在建的冻结倾斜隧道附近经常存在相邻建筑物,故结果会对相邻建筑物造成巨大变形。

与自然现象作用有别,用于建造倾斜地铁隧道的人为冻结土体的计算似乎要简单得多。这主要是由于冷冻柱中的温度相对恒定,并且完全排除了日光照射和积雪覆盖的因素。但是,尽管隧道施工的主要负面影响会在冰土圆柱体解冻过程中表现出来,但评估其影响后果的持续时间、衬砌的强度计算以及追踪圆柱体形成和降解过程的整个周期是困难的,也是合理的。这意味着必须在三维空间中考虑人工冻结和融化的过程,并考虑正在进行的作用过程持续的时间。

第5章 土体冻结、冻胀和融化过程计算的工程案例

图 5.79 所示为考虑冻结、融化过程影响的情况。新建筑物直接建在先前修筑的倾斜地铁隧道上方。

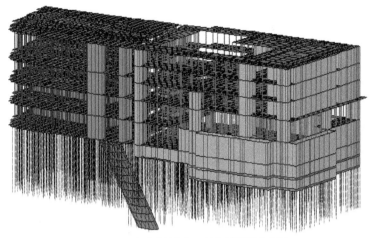

图 5.79 在建建筑物与地铁倾斜隧道分布图

图 5.80 所示为冻结结束时(10 个月后)的土体温度分布等值线图。根据计算结果,温度低于 0℃ 的冻土总厚度为 3m,在图 5.80 上对应零等温线,并且用标尺指示了至衬砌轮廓边界的距离。温度为 -2℃ 的冰土圆柱体的厚度为 2.5m,已经通过实验证实了所完成的热物理计算的正确性。

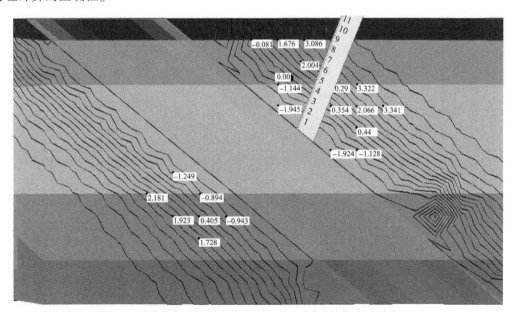

图 5.80 冻结结束时(10 个月后)周边土体温度分布等值线图(单位:℃)

图 5.81~图 5.83 所示分别为冰土支护融化后倾斜隧道上部地面沉降、倾斜隧道自身沉降量和建筑物沉降计算图。在冰土支护冻结体融化期间,最大的地面沉降量计算值为 39.6cm,这与在圣彼得堡进行的大量实验数据相吻合。融化完成后,倾斜隧道自身的沉降量为 16.4cm。当融化开始时在桩基上建造建筑物时,即在最不利的情况下,由于土体融化产生建筑物的沉降变形也不超过 1.6cm,这是完全可以接受的。

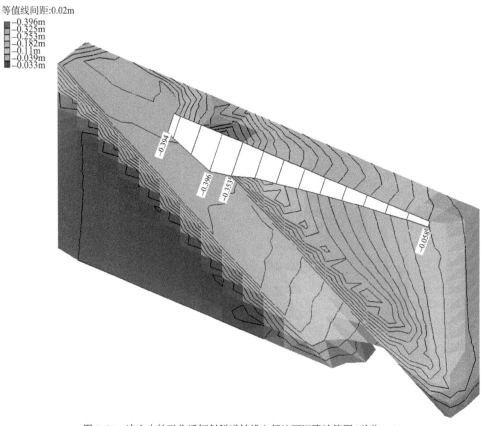

图5.81 冰土支护融化后倾斜隧道轴线上部地面沉降计算图(单位:m)

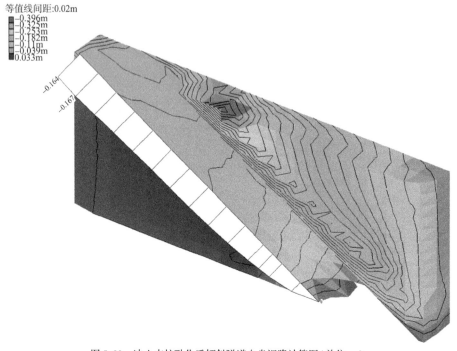

图5.82 冰土支护融化后倾斜隧道自身沉降计算图(单位:m)

第5章 土体冻结、冻胀和融化过程计算的工程案例

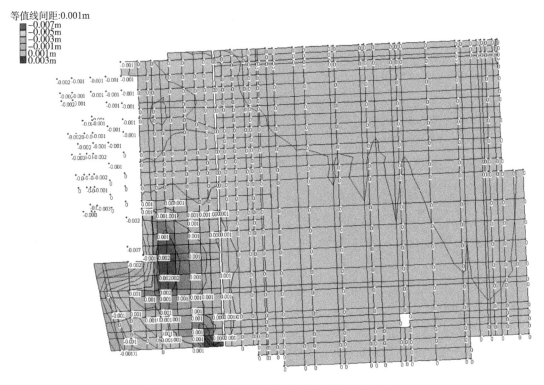

图5.83 冰土支护融化后建筑物沉降计算图(单位:m)

需要指出的是,隧道周围的冰土圆柱体解冻时,变形会波及大量土体,这是由倾斜隧道的巨大尺寸(在圣彼得堡有时长大于100m)导致的,且建筑物的沉降变形会持续很长时间(根据观察结果超过20年)。如果桩基上的建筑物是在倾斜隧道附近建造的,则桩侧会产生负摩擦力。根据本书作者的相应计算结果(Сахаров И. И 和 Парамонов В. Н,2010年),在某些情况下,负摩擦力可能会超过120kN。在设计落入沉降盆的新建筑物时,必须将其考虑在内。

5.15 地基冻结建筑物损坏计算评价

近年来,修建在浅层基础(МЗф)上的低层建筑越来越多。在这种情况下,规范文献允许低层建筑地基冻结。但是冻结时,地基会产生隆起变形。因此,为了确保建筑物的安全,建议应该将上部结构、基础及地基联合进行计算来评价基础的变形。在这种情况下,由于没有确定地基内的温度场,故计算是在假定土体最大冻结深度的情况下进行的。构造解决方案适用性的关键条件是不超过基础隆起变形的某些极限值。

我们发现,在建筑实践中,冬季不供暖的建筑物地基会冻结。对这种情况进行计算评估是非常有用的。本节介绍对圣彼得堡地区一栋建筑物"冻结地基-上部结构"系统应力-应变状态的计算分析相关研究结果。在冬季,该建筑物的施工在没有采取任何保护措施的情况下就中断了(Сахаров И. И 等,2011年)。

所研究的建筑物为2层和3层的矩形建筑,平面尺寸为36m×11.47m,结构设计为不完

整的框架结构。厚度为51mm的纵向砖墙为承重外墙,外墙基础为条形预制的。建筑物的一个特殊特征是建筑物内部存在沿着外墙延伸的钢筋混凝土通道,其底部标高为1.32m,墙基础的深度为1.57m。

该场地的工程地质条件为半固态和固态亚黏土(从地表起),下面是软塑亚黏土。考虑到施工过程中湿度的增加,可以将地基土体划分为中等冻胀土。

2009—2010年冬季,这座建筑没有遮盖,没有供暖。穿过建筑物内部基础附近钢筋混凝土通道未保温,导致沿通道的承重墙下方的地基土体冻结。冻结导致土体剧烈冻胀、基础变形以及在墙壁和楼板上出现裂缝,其开口宽度最大为30mm,如图5.84所示。

图5.84 墙体裂缝宽度达30mm

2010年4月研究人员对建筑物进行调查时,在建筑物外部开挖了两个探坑,在探坑的底部进行了动力触探,探测深度距地表面达3.9m。另外,相关人员打了3个钻孔,从中取了土体芯样,并研究了其结构以及确定了含水率。探坑和钻孔的布置如图5.85所示。

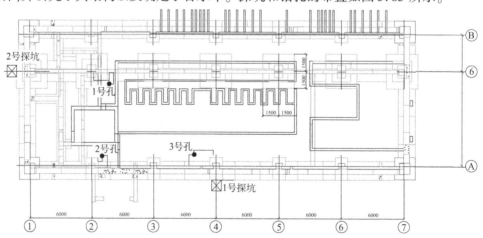

图5.85 探坑和钻孔布设、建筑物平面图

1号探坑基础底面埋深为1.57m,2号探坑深度为1.28m。对1号探坑做了动力触探,测深为2.9m,在1.9~2.4m的深度处,发现存在一层软弱下卧层土体。

第5章 土体冻结、冻胀和融化过程计算的工程案例

在2号探坑中,动力触探测深3.9m,在2.0~2.8m深度处,也发现存在一层软弱下卧层土体。

图5.86所示为2010年8月在钻孔1.5m深度处取出的芯样。

图5.86 芯样

从图5.86中可以发现,某些芯样中存在裂缝,这表明在冰融化后,其占据的空间持续存在了一段时间。事实证明,土体湿度明显高于自然湿度,在基础底面下方0.5m深度处测到含水率峰值达0.32。

2010年3月5日至2010年6月5日,研究人员对建筑物的沉降进行了监测。在监测期间,建筑物的最大沉降量为46mm。

遗憾的是,没有连续监测由基础土体冻胀引起的建筑结构的位移。在供热后,仅测量了融化沉降。因此,可以近似地假设,由于冻胀引起的结构隆起变形与融化沉降是相同数量级的。这些数字在后续的计算中将作为控制标准。

该结构的计算模型如图5.87所示。建筑物的土体、基础和地面结构诸多要素被纳入计算模型中。

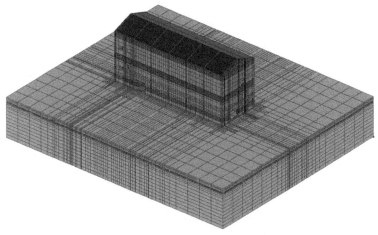

图5.87 计算模型

设定温度被用作边界条件,其变化的特点是根据 pogo-da.ru.net 网站上圣彼得堡和列宁格勒州的监测数据得出的,如图 5.88 所示。

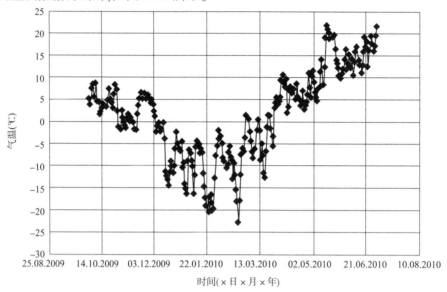

图 5.88　2009 年 10 月至 2010 年 6 月气温变化情况

计时长度应至少涵盖一个冬季,这是由于当时在建的建筑物没有供暖。因此,选取 2009 年 10 月至 2010 年 6 月时段进行了计算

我们估算了稳定负温度结束时(2010 年 5 月)土体的冻结深度。图 5.89 所示为计算模型的平面图和截面编号。图 5.90 和图 5.91 所示分别为两个最大土体冻结深度,其中红色表示融化的土体。从图中可以看出,最大的冻结深度仅限于结构的墙角部分。最大冻结深度为 1.45m,与该区域的标准冻结深度相对应,表明计算结果正确。

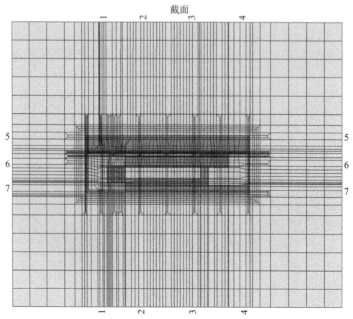

图 5.89　土体冻结边界的截面编号

第5章　土体冻结、冻胀和融化过程计算的工程案例

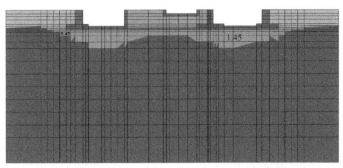

图5.90　图5.89中2-2截面土体冻结边界示意图(单位:m)

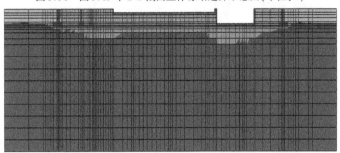

图5.91　图5.89中6-6截面土体冻结边界示意图(单位:m)

基础的外边缘的地基冻结达0.5m。显然,这是由于基础的钢筋混凝土体是冷桥,负温度通过冷桥到达外边缘。这表明了数值方法的优势,因为不可能使用常规分析计算来识别这种影响。

因此,通过计算可以确定,土体冻结的深度可能高达1.45m,冻结发生在半固态亚黏土内。

众所周知,在由于水分迁移而导致的冻结过程中,土体总水分增加了。现在评价在建筑物内部3号钻孔和1号探坑对面的动力触探点相对应的点处的湿度。图5.92和图5.93所示为水分变化深度图。在持力层下面的软塑亚黏土土层中,湿度等于天然湿度。

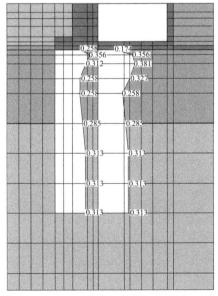

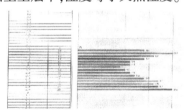

图5.92　1号探坑和3号钻孔附近湿度(计算)沿深度的分布

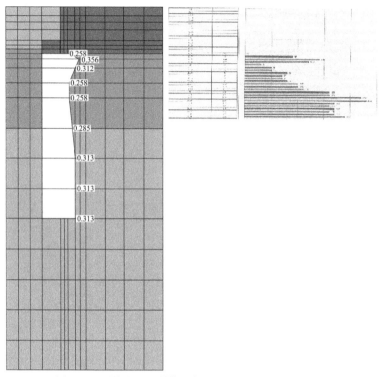

图5.93 2号探坑和2号钻孔附近湿度(计算)沿深度的分布

半固态亚黏土持力层的初始含水分率为0.258。由于土体的冻结和水分向冻结面的迁移,在基础外侧计算出的湿度增加到0.356,在内侧增加到0.381。将动力触探数据与计算出的湿度分布的特征进行比较,可以看到动力触探阻力随着湿度的增加而降低的特征关系曲线。这种性质的基本对应关系确认了计算的正确性。

图5.94所示为2号钻孔的地基土体计算湿度分布和实验室研究结果。可以发现,土的性质是相似的,在所有情况下都存在自然湿度的峰值。此外,土体湿度高于先前勘察确定的天然湿度。根据计算,土体湿度在基础底面以下约0.5m深处(实际值在1m处)达到峰值。之所以有0.5m的差异,是因为在基础下铺设了碎石混凝土防水层,总厚度约0.4m,这层防水层没有反映在计算中。

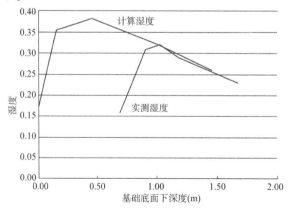

图5.94 钻孔2计算湿度和实验室湿度沿深度分布比较

第5章　土体冻结、冻胀和融化过程计算的工程案例

因此,作为计算结果而建立的温度场和湿度场的分布通常都对应于观察到的现象。计算的下一步是评估可能的隆起变形。这个问题求解的难度是考虑建筑物的刚度。建筑物的裂缝会改变刚度,这在计算模型中存在不准确性。因此,我们在不考虑裂缝的情况下进行了计算,并采用了不同的建筑物刚度值。

图 5.95 和图 5.96 所示为建筑物拐角处和外墙中间处隆起随时间变化的曲线。从图中可以看出,考虑了建筑物的刚度时,可以使墙的垂向位移均衡,在墙角处增加,而在中心处减少。

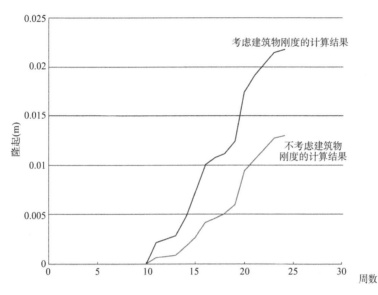

图 5.95　建筑物拐角处垂向位移计算结果

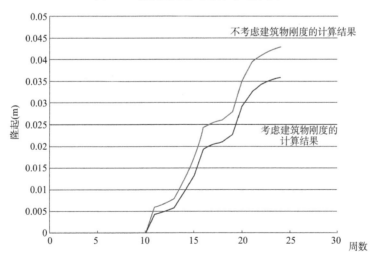

图 5.96　建筑物外墙中部垂向位移计算结果

在有利的求解条件下,不考虑地面结构的刚度且地下水位低时,建筑物基础隆起计算结果如图 5.97 所示。根据该计算结果,建筑物变形的性质是弯曲,其基本上与所观察到的现场情况吻合。隆起位移的最大差异为 3.1cm。考虑建筑物的刚度且地下水位高时,

建筑物基础隆起计算结果如图 5.98 所示。可以看出,建筑物的最大隆起达到 4.4mm,而由于建筑物具有一定的刚度,沉降得以均衡。但是很明显,沉降导致砌体的应力集中和出现裂缝。

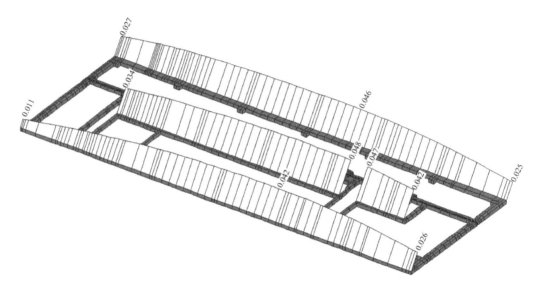

图 5.97　不考虑地面结构刚度且地下水位低时建筑物基础隆起计算结果(单位:m)

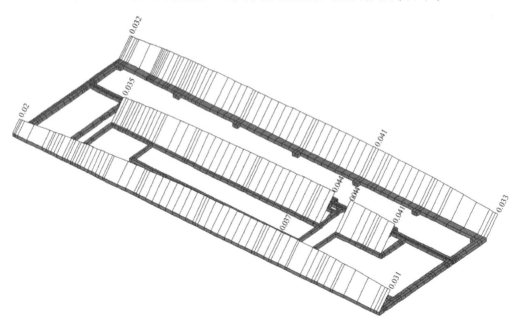

图 5.98　考虑建筑物刚度且地下水位高时建筑物基础隆起计算结果(单位:m)

我们将外墙预期裂缝的特性与自然条件下观察到的裂缝进行比较。根据砂浆等级为 50 级或更高的石砌体结构标准(这是所考虑的建筑物的典型标准),在检查弯曲时的主拉应力时,砌体的设计抗力为 120kPa。在图 5.99 中,建筑物计算模型中的有限单元被分别突出显示,其中水平应力超过 120kPa 的区域以红色显示。

第5章 土体冻结、冻胀和融化过程计算的工程案例

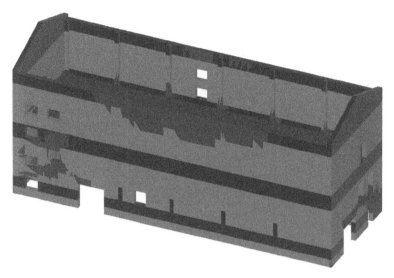

图 5.99 超过容许拉应力区

评估冻胀各向异性系数对建筑物变形的影响是很有趣的。因此,在下一计算阶段,应根据第 4.9 节中所述的相关内容采用各向异性系数进行计算。

图 5.100 所示为在不考虑建筑物刚度的情况下建筑物基础隆起的计算结果。根据此计算结果,冻胀位移的最大差异为 2.4cm。考虑刚度时,建筑物基础隆起计算结果如图 5.101 所示。可以看出,建筑物的最大隆起为 3.1cm。此外,由于刚度的影响,不均匀变形得以均衡,冻胀位移的差异为 1.6cm。

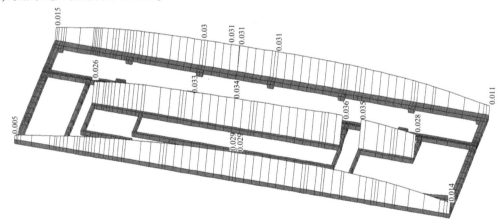

图 5.100 不考虑现场建筑物刚度的情况下建筑物基础冻胀隆起计算结果(单位:m)

为了充分评价冻胀各向异性系数对联合计算建筑物和经受冻结的地基数值模拟计算结果的影响,在图 5.102 中划分出了超过 120kPa 允许设计阻力的区域。有趣的是,考虑到各向异性系数,即使在建筑物的下部,尽管建筑物通常会发生弯曲变形,但仍显示出拉伸区域。此外,还可从视觉上观察到建筑物墙体下部存在裂缝。

图 5.103 和图 5.104 所示分别为通过计算获得的预期裂纹区域与纵向和横向外墙中裂纹实际位置的比较。图 5.103 和图 5.104 中照片为该建筑物已经出现的裂缝,两图同时显示了用于监测裂缝传感器分布位置。

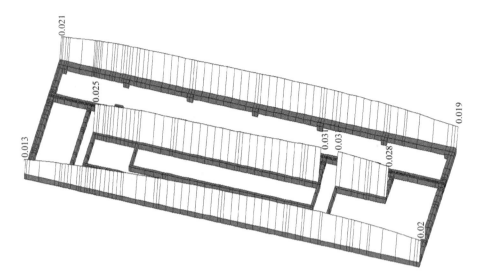

图 5.101　冻胀时考虑建筑物刚度的情况下建筑物基础隆起计算结果(单位:m)

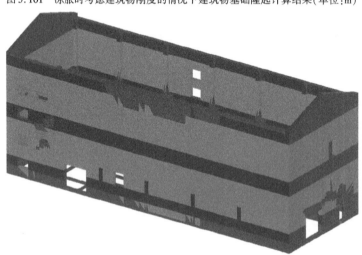

图 5.102　考虑冻胀各向异性系数超过允许设计阻力的区域

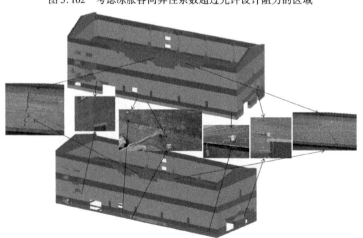

图 5.103　预计裂缝区域与纵向外墙实际裂缝分布对比图

第5章 土体冻结、冻胀和融化过程计算的工程案例

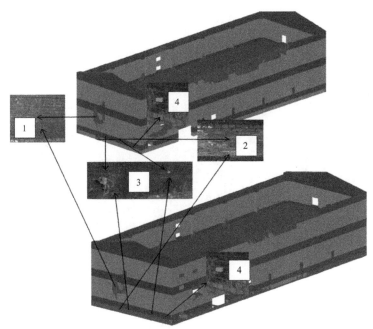

图 5.104 预计裂缝区域与横向外墙实际裂缝分布对比图

从这些图中可以看出,与不考虑冻胀各向异性系数的数值相比,考虑到冻胀各向异性系数的数值模拟结果出现了更多超过了允许值的拉伸应力区域,而且出现了预计可能出现裂缝的其他补充的 4 个区域,在图中用数字 1、2、3、4 标出,如图 5.104 所示。补充的可能出现裂缝区域主要位于靠近结构的下部,与基础邻近,这是完全符合实际情况的。考虑冻胀的各向异性导致了地基水平变形的增加,同样增加了建筑物沿基础附近区域的砌体中的应力。

5.16 构造断层带季节性冻土区中石油管道地下铺设结构解的依据

按照萨哈林二号项目(Сахалин-II)规定,萨哈林岛上的输油管道铺设在管道顶部埋深不超过 1m 的明挖管沟内。结构设计需要考虑许多因素,包括季节性冻土冻胀的负面影响、断层带以及地震荷载作用。

根据断层带中管道的应力和变形的研究发现,在断层上使用特殊构造的沟槽时,管道能够承受最大位移,同时可以确保管道的抗拉和抗压强度。研究人员对沟槽的各种构造进行了理论研究,其中考虑了土体的冻结、重力载荷、内部压力和泵送产品的温度。结果发现,使用泡沫材料替代回填的土体材料,梯形构造沟槽可以减小地震荷载和气候对断层相交处管道的负面影响。

研究人员结合萨哈林最寒冷气候环境对萨哈林岛北部工程地质条件进行了数值研究,计算模型如图 5.105 所示。

在 1 年的周期中,本书作者模拟了该设计在冻结和融化过程中运输石油产品期间的热工程工况。图 5.106 所示为某年管道结构周围断裂带土体中土体温度变化图。

使用膨胀聚苯乙烯泡沫管道结构周围某年 3 月土体温度分布如图 5.107 所示。

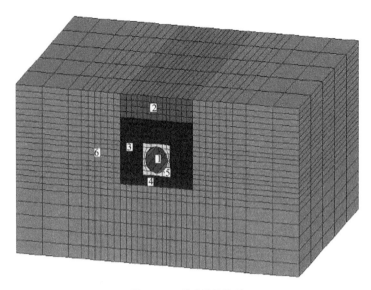

图 5.105　管道计算模型

1-管道;2-砾石;3-膨胀聚苯乙烯 Supazote EM26;4-膨胀聚苯乙烯 Compostirol;5-回填砂;6-亚黏土

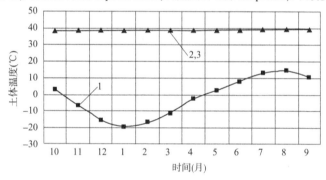

图 5.106　某年管道结构周围断裂带土体中一年中土体温度变化图

1-土体表面;2-萨哈林 2 号项目设计的膨胀聚苯乙烯;3-当地膨胀聚苯乙烯

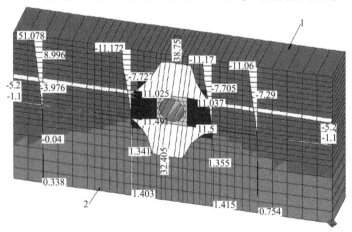

a)萨哈林2号项目设计的膨胀聚苯乙烯

图　5.107

第5章 土体冻结、冻胀和融化过程计算的工程案例

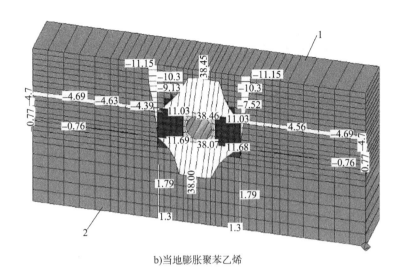

b)当地膨胀聚苯乙烯

图5.107 使用膨胀聚苯乙烯泡沫管线周围某年3月土体温度分布(单位:℃)
1-冻土;2-融化土

计算结果表明,该区域土体的冻结深度达1.5m,设计结构拟采用绝热材料消除负温度对管道的影响。在这种设计结构下,管道周围空隙回填的细砂温度年内波动范围为38～40℃,即该温度波动范围与管道内运输石油产品的温度一致。

在由地震引起水平压力 $p = 400\text{kPa}$ 的条件下使用聚苯乙烯泡沫时,管道构造物周围土体水平位移计算结果分别如图5.108和图5.109所示。

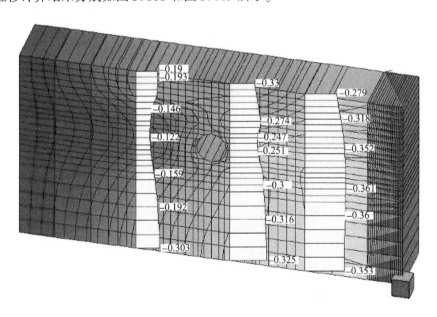

图5.108 萨哈林2号项目设计的膨胀聚苯乙烯周围土体水平位移等值线图(单位:m)

图5.110所示为由地震引起水平压力 $p = 400\text{kPa}$ 的条件下使用聚苯乙烯泡沫时,铺设的管道构造物周围土体水平应力的等值线图。

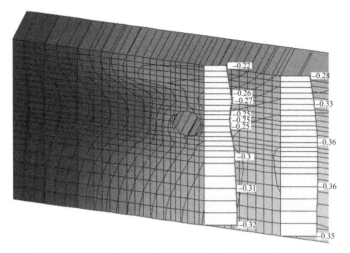

图5.109 铺设当地膨胀聚苯乙烯的管道构造物周围土体水平位移等值线图(单位:m)

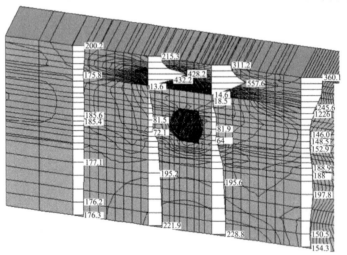

a)萨哈林2号项目设计的膨胀聚苯乙烯

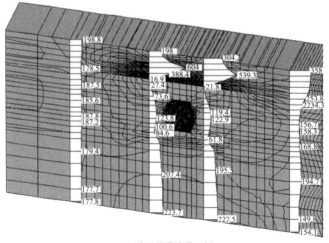

b)当地膨胀聚苯乙烯

图5.110 铺设的管道构造物周围土体水平应力等值线图(单位:kPa)

第5章 土体冻结、冻胀和融化过程计算的工程案例

冻结和融化过程的数值模拟表明,由于铺设了聚苯乙烯泡沫材料,冻胀对管道的影响得以消除,管道运行过程中热量的运输损失也消失了。热物理过程、地震单向水平作用下地基土体及地下管道结构的应力-应变状态数值模拟计算结果表明,使用萨哈林2号项目设计建议使用的聚苯乙烯泡沫材料和 ООО Радуга Сервис 提供的当地膨胀聚苯乙烯泡沫材料得到一致的计算结果。

5.17 多年冻土分布地区的土方工程

多年冻土分布地区的土方工程经常会遭受明显的大变形。这些变形可能是由于夏季融化的路基土体在低温时产生冻胀,或者由于气温较高致使冻土地基融化而引起的融沉变形。因此,上述情况的热物理计算是第一位的,而且通常是决定性的。随着冻结和融化变形的显著发展,"路基-地基"系统(包括加固结构)的应力-应变状态计算也是非常重要的。

以下列举了低温和高温冻土上路基土方工程数值计算的几个案例。

5.17.1 雅库特多年冻土上 Томмот-Кердем 铁路路基工程的热物理计算

根据建筑行业标准《建筑气候》(СНиП 23-01—99)选取了居民点 Томмот 的月平均和年度平均气温气候特征,见表5.12。多年冻土是低温的。

月平均和年度平均气温 表5.12

月份(月)	1	2	3	4	5	6	7	8	9	10	11	12	年平均值
平均气温(℃)	-35.5	-31.6	-20.0	-5.8	5.4	13.7	17.2	13.5	5.5	-6.7	-24.4	-33.9	-8.6

作为示例,进行了一个横断面的热工计算。同时,在夏季至秋季,当填筑土体的温度为正值且达到5℃时,进行填方施工。由于缺乏有关多年冻土层上水在路基下的实测数据,因此在计算中未考虑。

热工计算的路基计算模型如图5.111所示。

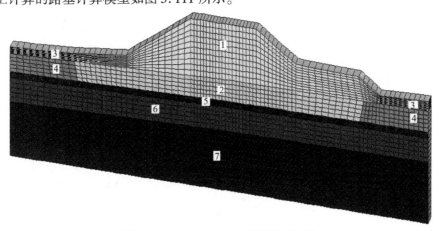

图5.111 ПК4443+73.35 段路堤计算模型
1-添加黏土的石土;2-添加黏土>30%的碎石土回填;3-流塑泥炭亚黏土;4-冰土;5-饱和卵石土;6-塑性亚砂土;7-潮湿卵石土

图5.112 所示为某年4月的路堤堤身和地基的温度等值线。从图中可见,路堤的堤身土体被完全冻结,4月的温度波动为 -0.1 ~ -7.8℃。

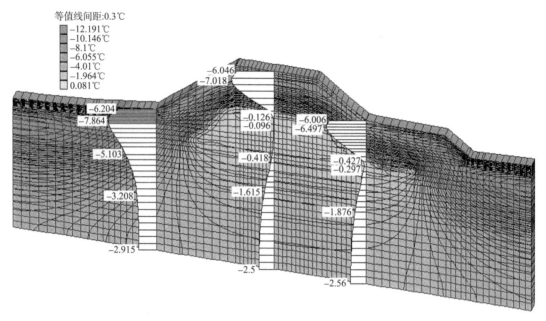

图 5.112　某年 4 月的路堤堤身和地基的温度等值线图(单位:℃)

图 5.113 所示为某年 9 月的路堤堤身和地基的温度等值线。从图中可见,路堤的堤身土体完全冻结,9 月的温度波动为 $-0.3 \sim -5.2$ ℃。

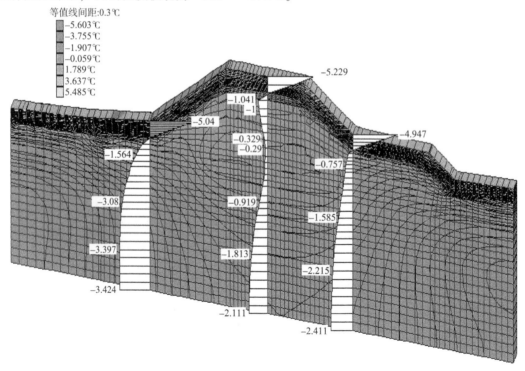

图 5.113　某年 9 月的路堤堤身和地基的温度等值线(单位:℃)

图 5.114 所示为融化和冻结土体的区域。可以看出,在给定的边界条件下,路堤堤身土体的融化深度可达 1.0 m。

第5章 土体冻结、冻胀和融化过程计算的工程案例

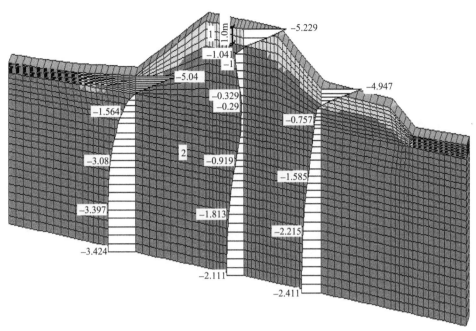

图 5.114 ПК4443+73.35 段路堤融化区图(单位:℃)

1-融化土;2-冻土

在路基结构设计时,数值计算所获得的解冻深度定量值,使得设计者必须采取措施来减少或消除冻胀力对上部轨道结构稳定性的影响。为此,提出采用 0.06m 厚的挤塑聚苯乙烯泡沫板对主要部位进行保温,该工况的计算模型如图 5.115 所示。

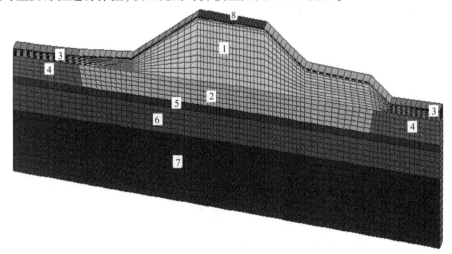

图 5.115 ПК4443+73.35 计算模型

1-添加黏土的石土;2-添加黏土>30%的碎石土回填;3-流塑泥炭亚黏土;4-冰土;5-饱和卵石土;6-塑性亚砂土;7-潮湿卵石土;8-挤塑聚苯乙烯泡沫板(厚度0.06m)

图 5.116、图 5.117 所示分别为某年 4 月、9 月路堤添加隔热层的热物理数值计算结果。其中,图 5.116 所示为 4 月路堤堤身和地基的温度等值线。路堤堤身土体完全冻结,温度波动范围为 -0.1~-8.053℃。图 5.117 所示为 9 月堤堤身和地基的温度等值线。路堤堤身土体完全冻结,温度波动范围为 -0.3~13.0℃。

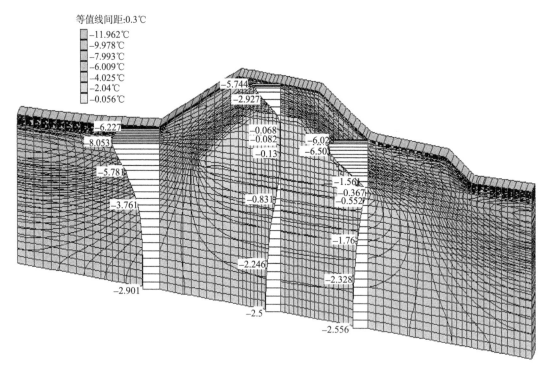

图 5.116　铺设挤塑聚苯乙烯泡沫板某年 4 月的路堤堤身和地基的温度等值线图(单位：℃)

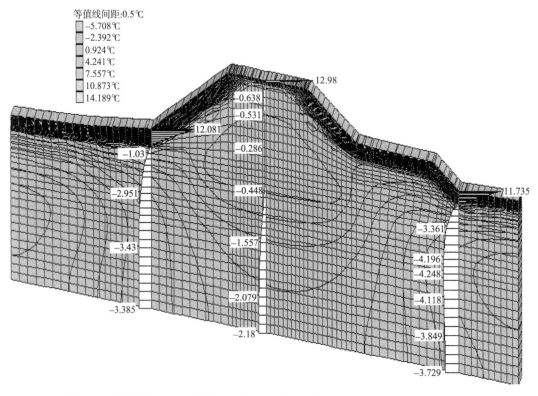

图 5.117　铺设挤塑聚苯乙烯泡沫板某年 9 月的路堤堤身和地基的温度等值线图(单位：℃)

第5章 土体冻结、冻胀和融化过程计算的工程案例

图 5.118 显示了融化和冻土的区域。在这些边界条件下,在主平台下路堤堤身融化深度降低到 0.25m。

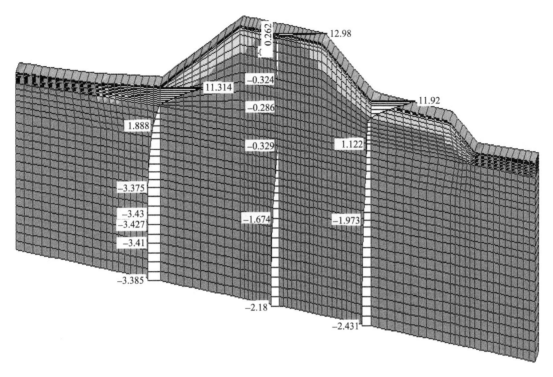

图 5.118 铺设挤塑聚苯乙烯泡沫板 ПК4443+73.35 路堤融化区图(单位:℃)

计算结果表明,采用保温材料可以使路堤的融化深度减少 4 倍,融化深度从 1m 降至 0.25m。在第 1 年的夏季至秋季施工中,如果在 1 年的温暖季节多年冻土层上没有水流动,路堤堤身温度接近高温冻土的温度。

5.17.2 结构加固措施融化时路基结构计算

根据多年冻土地区路基设计第 II 原则——容许路堤的地基土体融化,对位于高温多年冻土上 Известковая-Чегдомын 段铁路线的路基进行了重建设计。该路基位于水电站水库(Бурейской ГЭС)的影响区。该路基专为冬季施工回填条件而设计,即工作区的土体完全冻结时进行施工,因此路堤的完全融化后路堤沉降量为双向,各向 1.5m。

该段铁路按建筑行业标准《152mm 铁路设计规范》(СНиП 32-01—95)、《铁路、公路路基设计规范》(ВСН 449—72)和《多年冻土区铁路设计规范 ВСН 61—89》,路基按照 II 类铁路的标准设计。

对于有设有排水的土石路堤,该路段直线段的路基宽度采用 5.8m。在曲线段,路基根据《152mm 铁路设计规范》(СНиП32-01—95)的规定从外部加宽,路基宽度采用 6.5m。根据《铁路、公路路基设计规范》(СН-449—72),该区域属于第一气候自然区划区。

在粗碎屑土体中季节性冻结的最大深度达到 3.0~3.5m,研究区域位于永久冻土的不连续分布区。根据建筑规范《建筑气候学》(СНиП 23-01—99)得到了每月平均和每年平

均气温的气候特征,见表5.13。

月平均和年平均气温(单位:℃)　　表5.13

气象站	月份(月)												平均气温
	1	2	3	4	5	6	7	8	9	10	11	12	
中乌拉尔	-31.1	-23	-12.1	0.2	8.1	14.8	18.8	16.5	0.5	-0.8	-16.6	-28.6	-3.7
切昆达	-34.3	-26.9	-14	0.4	8.4	15.1	19.0	16.5	9.5	-0.9	-17	-30.6	-4.6

分析计算所选路段计算断面的土体条件。苔藓植物层的下方为流态亚砂土,其下是层状永冻土亚砂土层,接着是低强度的砾石层。表5.14给出了实验确定的永冻土在融化过程中的沉降量。

永冻土在融化沉降量　　表5.14

编号	土类别	无荷载融化沉降量(%)	荷载 P 作用总沉降量(kg/cm^2,%)							
			0.25	0.5	0.75	1.0	1.25	1.5	1.75	2.0
1	腐殖土	—	90	90	90	90	90	90	90	90
2	亚黏土	10	11	12	13	14	15	16	17	18
3	沉降Ⅱ级亚砂土	10	12	15	17	18	18	19	19	19
4	沉降Ⅲ级亚砂土	20	24	28	32	34	35	36	37	38

为了计算融化沉降量,我们使用了基于表格数据计算的解冻系数 A_0 和压缩系数 m_0 的值。计算模型如图5.119所示。

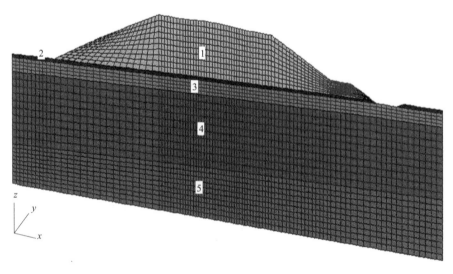

图5.119　ПК 3098 段路基计算模型
1-路堤堤身(砂土或者砾土);2-苔藓植物层;3-流塑亚砂土;4-层状永冻土亚砂土层;5-低强度的砾石

图5.120所示为不考虑隔热层和考虑隔热层的情况下的热物理问题解,而图5.121所示为考虑隔热层情况下的热物理问题解。

下一步是路堤堤身及其地基的应力-应变状态计算。计算结果分别如图5.122~图5.126所示。

第5章 土体冻结、冻胀和融化过程计算的工程案例

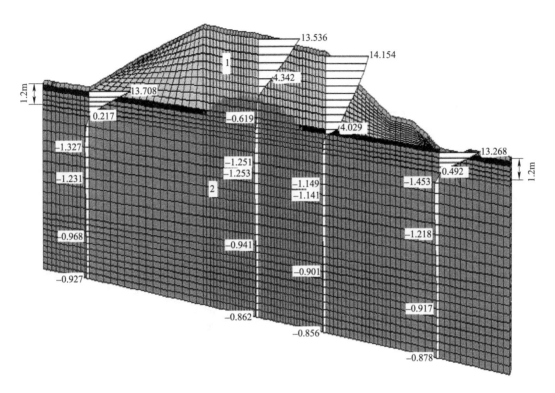

图 5.120　9 月路堤堤身和地基温度分布（单位：℃）
1-融化土；2-冻土

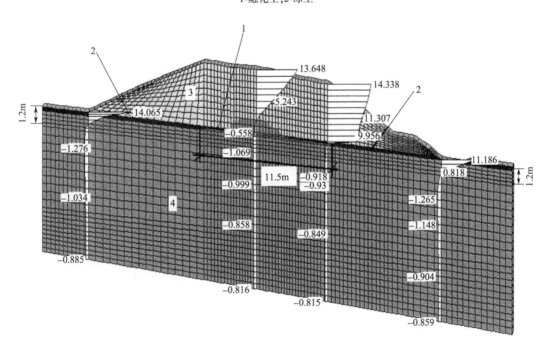

图 5.121　铺设挤塑聚苯乙烯泡沫板 9 月路堤堤身和地基温度分布（单位：℃）
1-150mm 厚的挤塑聚苯乙烯泡沫板；2-300mm 厚的挤塑聚苯乙烯泡沫板；3-融化土；4-冻土

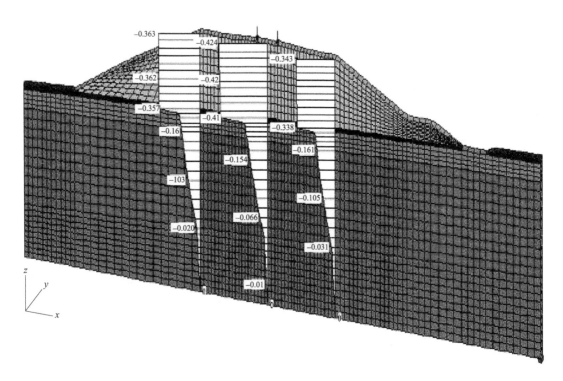

图 5.122 运营期路堤堤身和地基垂向位移分布图(单位:m)

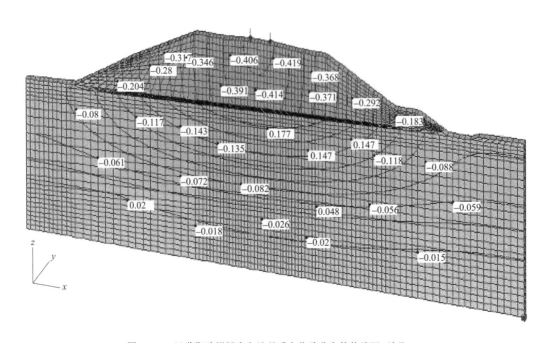

图 5.123 运营期路堤堤身和地基垂向位移分布等值线图(单位:m)

第5章 土体冻结、冻胀和融化过程计算的工程案例

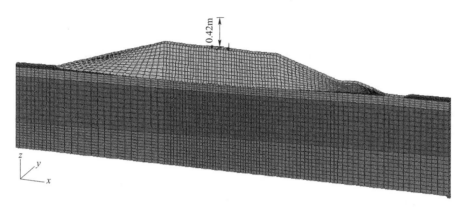

图 5.124 运营期路堤变形计算模型图

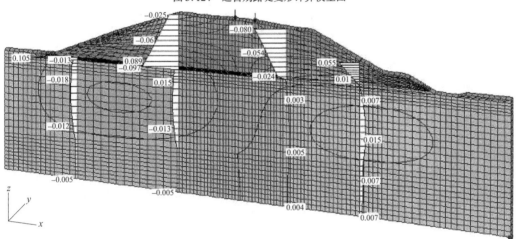

图 5.125 运营期路堤堤身和地基水平向位移分布等值线图(单位:m)

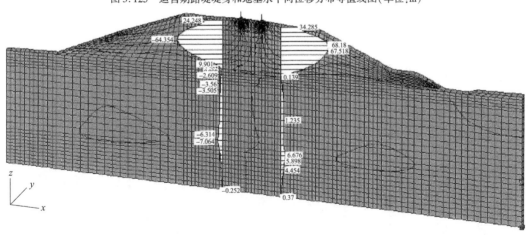

图 5.126 运营期路堤堤身和地基水平应力分布等值线图(单位:kPa)

计算结果表明,路堤的预期沉降达到42cm,是不可接受的。因此,有必要采取加固措施。在此基础上,提出土工材料可以与桩结合使用,也可以仅仅使用桩基础加固的措施。

图 5.127 所示为土工材料和桩的联合加固结构,图 5.128 ~ 图 5.134 所示分别为"路堤-加固结构"系统中应力-应变状态的计算结果。

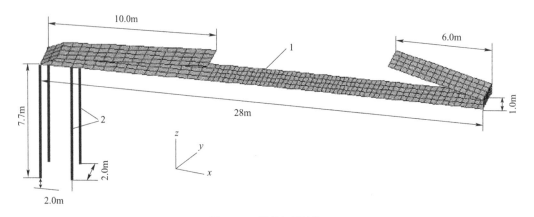

图 5.127 路堤加固结构
1-Armatex 土工材料;2-长 7.7m 的钢筋混凝土桩,截面尺寸 20cm×20cm

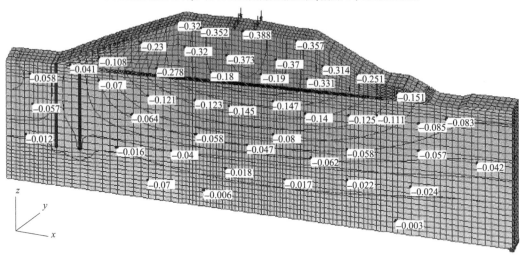

图 5.128 运营期加固的路堤堤身和地基垂向位移分布等值线图(单位:m)

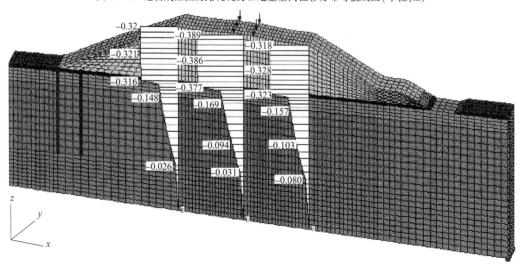

图 5.129 运营期加固的路堤堤身和地基垂向位移分布图(单位:m)

第5章 土体冻结、冻胀和融化过程计算的工程案例

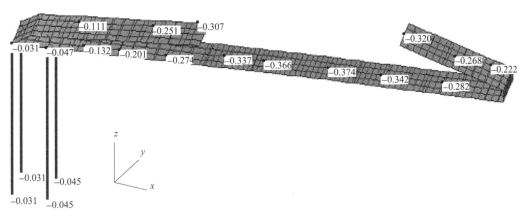

图 5.130 运营期路堤加固结构垂向位移分布等值线图(单位:m)

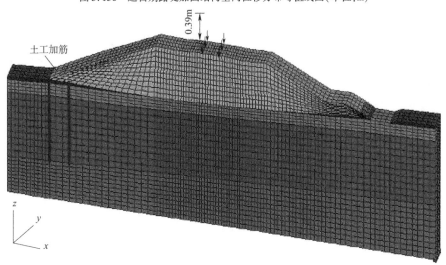

图 5.131 运营期加固的路堤加固结构变形计算模型

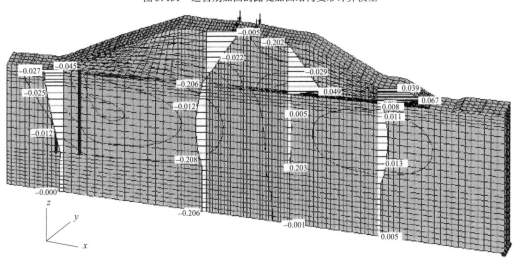

图 5.132 运营期加固的路堤堤身和地基水平位移分布等值线图(单位:m)

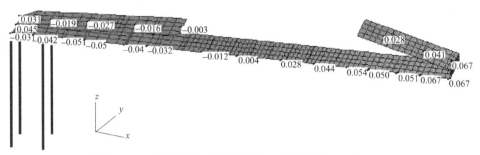

图 5.133　运营期路堤加固结构水平位移分布等值线图(单位:m)

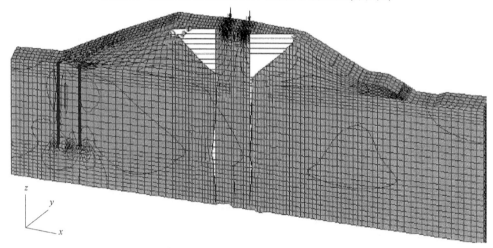

图 5.134　运营期路堤加固结构水平应力分布等值线图(单位:kPa)

计算结果表明,尽管进行了加固,但路堤顶部的沉降量达到了 0.39m,即比加固之前的沉降量略少,也就是说,这个加固方案是无效的。

为了最小化路堤的变形,提出了一种加密桩方案,并在桩顶上部铺设土工格栅。其计算模型分别如图 5.135、图 5.136 所示。计算结果表明,使用这种解决方案时,路堤的沉降量只有几毫米,也就是说,此设计方案实际上是没有沉降发生的。计算结果分别如图 5.137 ~ 图 5.143 所示。

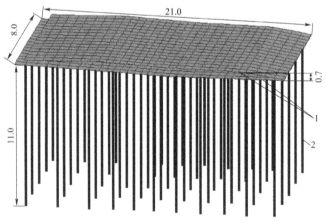

图 5.135　无沉降路堤结构(单位:m)

1-2 层土工格栅 Tensar;2-11.0m 长的钢筋混凝土桩,截面尺寸为 30cm×30cm

第5章 土体冻结、冻胀和融化过程计算的工程案例

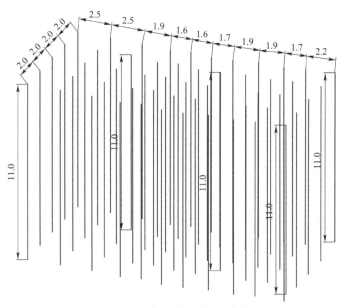

图 5.136　无沉降路堤桩分布图(单位:m)

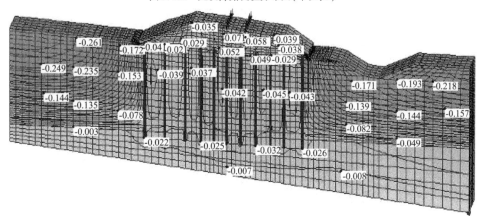

图 5.137　运营期无沉降路堤堤身和地基垂向位移分布等值线图(单位:m)

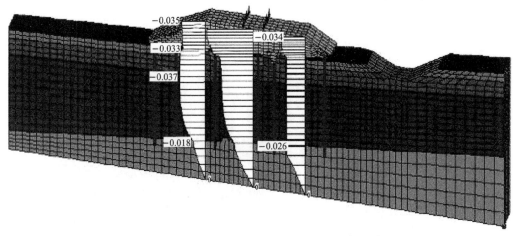

图 5.138　运营期无沉降路堤堤身和地基垂向位移分布图(单位:m)

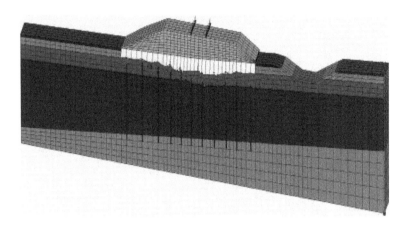

图 5.139　运营期无沉降路堤堤身底面垂向位移分布图(单位:m)

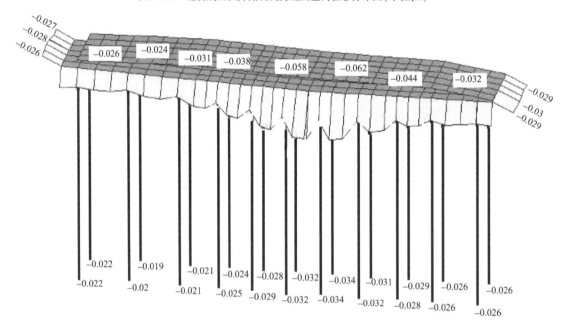

图 5.140　运营期无沉降路堤结构垂向位移分布等值线图(单位:m)

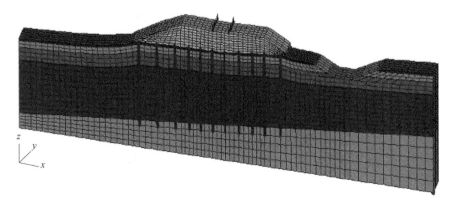

图 5.141　运营期无沉降路堤变形计算模型

第5章 土体冻结、冻胀和融化过程计算的工程案例

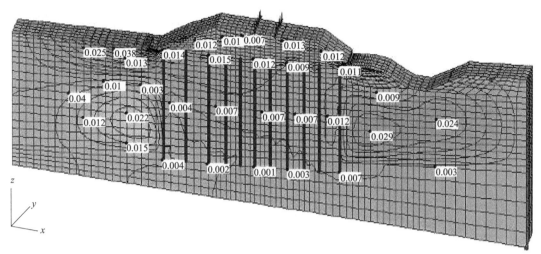

图 5.142 运营期无沉降路堤堤身和地基水平位移分布等值线图(单位:m)

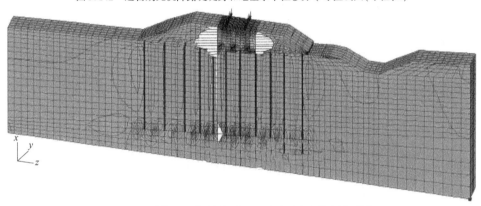

图 5.143 运营期无沉降路堤堤身和地基水平应力分布图(单位:m)

所进行的计算表明,FEM Termoground 程序模块可以在"路堤-加固结构"系统的任何元素中追踪应力-应变状态演变过程中的细微差别,从而使设计者能够实现正确选择加固措施的目的。

5.18 冻胀剪切力对户外控电柜(КРУН)支柱变形影响评价

本书第1.3节介绍了户外控电柜(КРУН)的一般情况。为了解决这个问题,编制了有限元模型"КРУН 结构-地基"模块。然后,模拟了土体冻结过程,并计算了冻结-融化循环季内支柱隆起和融化沉降变形的数值。

首先,对土体温度沿深度上的分布问题进行求解。为此,从 pogoda.ru 网站获得了圣彼得堡的地表平均温度统计值,如图 5.144 所示。在计算中,追踪了38周的土体温度变化,计算模型如图 5.145 所示。然后,求解了应力-应变状态问题,其结果是获得了在一个冻结-融化循环季中支柱的垂直位移。

图 5.146 所示为特征截面上冻结土最大冻结厚度的分布。从图中可以看出,计算出的土体冻结深度为1.3~1.8m,平均值为1.55m,这与实际情况相吻合。

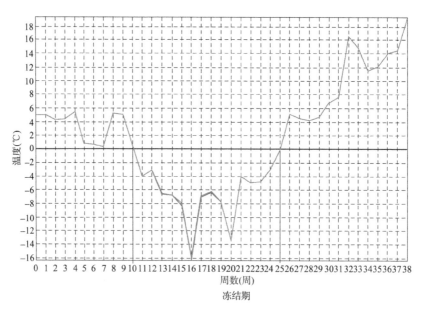

图 5.144　圣彼得堡地表温度分布
注:图源自俄罗斯气象网 www.pogoda.ru。

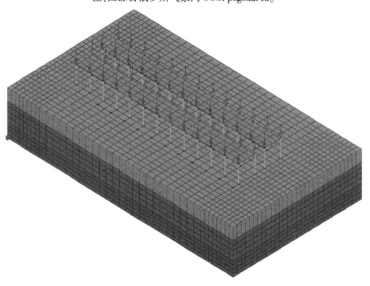

图 5.145　计算模型

在土体冻结深度达到最大值时,沿立柱侧面的剪应力(冻胀力)分布如图 5.147 所示。

剪应力在地面处达到 95kPa,这直接导致冬季高达 2.6cm 的支柱隆起,如图 5.148 所示。

解冻融化时,支柱会比原位置下降 2.2cm。重要的是,支柱不会恢复到原来的位置,但每年会经历达 2.2cm 的沉降,沉降的多年积累会导致总沉降量达 30cm 或更多。在"冻结-融化"循环中,户外控电柜倾斜的产生与各支柱上的荷载不均匀有关,荷载差异达 2t。

为了排除事故状态,建议将户外控电柜的支柱用钢筋混凝土潜桩基础替换。为了排除冻胀对新建潜桩基础的影响,建议用无冻胀性的碎石或粗砂垫层换填新基础底部的地基土,换填厚度为在新基础底面下至少 0.7m。

第5章 土体冻结、冻胀和融化过程计算的工程案例

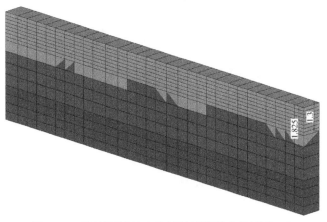

图 5.146 特征截面上冻土最大冻结厚度的分布(单位:m)

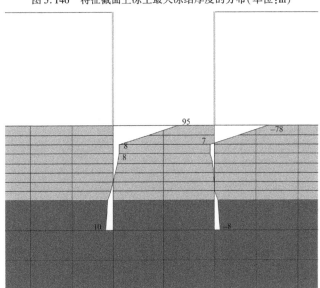

图 5.147 冻胀剪应力沿户外控电柜支柱侧面分布图(单位:kPa)

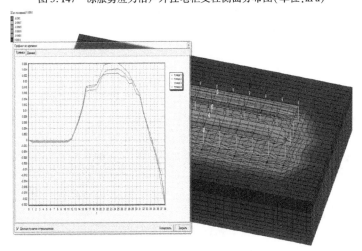

图 5.148 横断面上分布的 4 个支柱冻胀和融化垂向位移发展图

5.19 寒冷地区道路工程建设热物理问题

本节概括了与道路工程和计算应用问题相关的研究成果。其目的是确定热网管线铺设在路堤土体内后路面沉降变形值,以及铺设所需聚苯乙烯Penoplex45绝热层厚度,以防止从热网管道释放的热量而导致沥青混凝土路面受热,并避免1年中负温气候条件时在路面表面结冰。

所提出的设计结构解决方案必须满足俄罗斯联邦境内相关现行法规文件中有关强度和抗冻性的要求。另外,当承受指定的移动载荷时,该结构必须保障提供足够的承载力。

在分析原数据的过程中以及在项目执行过程中,为了评估和比较强度及变形性指标的可靠性,作者发现有必要对多种结构进行计算和理论研究。在分析实现上述目标可能采取的方法和手段时,发现使用岩土系统软件"FEM"的Termoground程序模块是合适的,它可以结合应力-应变状态,以及在年度冻结周期中发生热力学冻结和融化过程综合模拟结构的运行状态。

5.19.1 哈巴罗夫斯克市供热管网穿越Пионерская路结构模拟分析

在哈巴罗夫斯克市Пионерская路进行了路面结构分析。路面结构的参数通过数值建模确定。在确定了的年度循环温度场的标准以及主要时期的冻、融边界条件后,对冻结-融化热动力学过程的参数进行了评估。

作者对结构单元的应力-应变状态和结构的温度指标进行了分析,包括该路段路面结构的初始应力-应变状态的计算结果。此外,按车辆轴载的最不利位置进行了路面状况数值分析。

作者综合考虑了铺设热网套管、铺设的钢筋混凝土搭板以及各种荷载作用,对路面状态进行了岩土工程数值模拟,获得了弹性变形的传播区域和塑性变形的危险区域的位置,分别如图5.149~图5.151所示。在数值模拟过程中,得到了横截面的变形和应力值。数值模拟中获得的全部信息,被应用到该路段稳定变形的设计方案中。

在模拟计算中,获得了数值结果及其在结构中的分布以及直观的指标,如变形及其在横断面中的分布。在进行的热动力学过程的模拟中,可以得到以每年或更多年气候周期循环条件下的结构中定性和定量的冻结-融化过程结果。

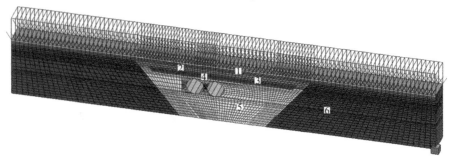

图5.149 结构模拟模型
1-3层沥青混凝土;2-碎石;3-搭板;4-聚苯乙烯泡沫;5-砂砾混合土;6-路基

第5章　土体冻结、冻胀和融化过程计算的工程案例

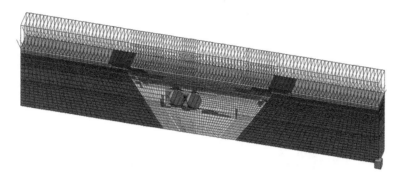

图 5.150　弹塑性变形区
注：蓝色-弹性变形区；红色-塑性变形区。

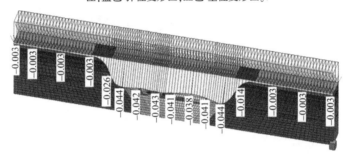

图 5.151　路表面垂向变形（单位：m）

结构的冻结-融化数值模拟是按月完成的，计算结果如图 5.152 所示。计算结果表明，由于该路段路基刚度的变化，路表面产生了不均匀变形。

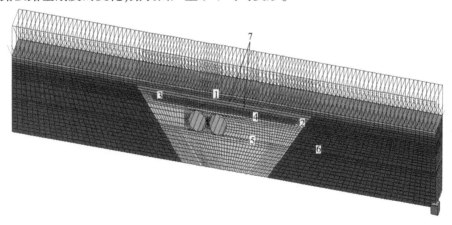

图 5.152　结构模拟模型
1-3 层沥青混凝土；2-碎石；3-搭板；4-聚苯乙烯泡沫；5-砂砾混合土；6-路基；7-土工格栅

结构的岩土工程数值模拟结果分析表明，塑性变形区域多分布在碎石层、砂砾石混合层及钢筋混凝土板与现有路面结构之间的刚度变化地段，这表明道路结构的承载力不足。

为了减少或完全阻止塑性变形产生，以防止不均匀变形，建议考虑铺设能够提高地基承载力和促进应力重新分布的中间夹层。所谓的中间夹层是碎石"假板"，其主体为双轴双向拉伸土工格栅与碎石复合元件。

为了减少由于供热主管的热效应而导致土体不均匀变形的风险，必须考虑综合措施来

减少负温度时期的土体融化(如使用隔热材料)。

应用土工合成碎石材料、隔热材料及供热管线上铺设钢筋混凝土搭板的路面结构状态的岩土工程数值模拟结果分别如图5.153～图5.155所示。

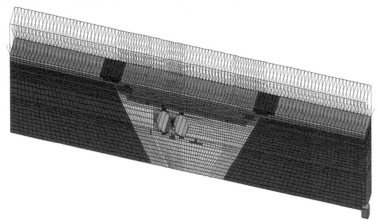

图 5.153　弹塑性变形区

注:蓝色-塑性变形区;红色-拉伸变形区;其他部分-弹性变形区。

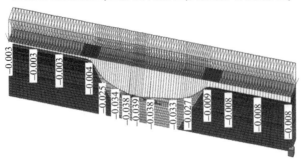

图 5.154　路表面垂向变形(单位:m)

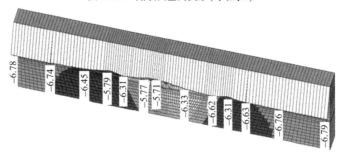

图 5.155　空气负温度期间(3月)沥青混凝土路面表面温度(单位:℃)

计算结果表明,采用土工合成碎石材料、隔热材料及供热管线上铺设钢筋混凝土搭板的路面措施后,现有路面之间结构刚性变化地段的塑性变形区明显降低了,证明采取的措施有效。

在分析获得路面结构的垂直变形时,可以得出结论:路表面的变形已经减小,并且通过创建假板(土工格栅碎石层)来重新分配应力导致在不同结构刚度地方的沉降得以消除。

第5章 土体冻结、冻胀和融化过程计算的工程案例

铺设隔热材料后,沥青混凝土路表面温度在大气负温季节达到了容许值。隔热材料的计算厚度为10cm。

如今,在建筑中使用现代岩土工程技术和新型土工合成材料已成为一种进步趋势。在许多方面,它们是相对传统解决方案更具成本效益和可靠性的替代方案。因此,在土体介质中,针对合理使用土工合成材料、开发新的结构和计算方法以及寻求解决现代岩土工程此类问题的完美方法等方面的全面研究,在当下具有重要的现实意义。

下面对4种不同路面结构方案的热物理状态进行岩土工程数值模拟数值分析。

1.没有铺设隔热材料的路面结构热物理状态岩土工程数值模拟结果分析

没有铺设隔热材料的路面结构热物理状态的冻结-融化数值模拟按月进行,计算模型和结果分别如图 5.156~图 5.160 所示。

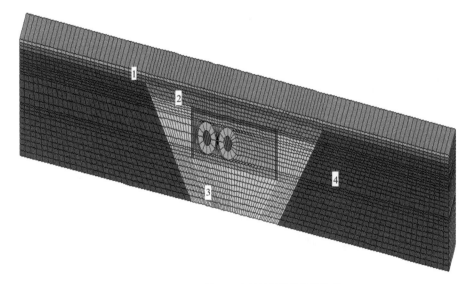

图 5.156 没有铺设隔热材料的结构计算模型
1-3 层沥青混凝土;2-碎石;3-砂砾混合土;4-路基

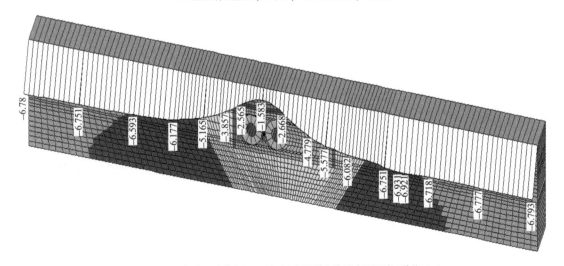

图 5.157 空气负温度期间(11 月)沥青混凝土路面表面温度(单位:℃)

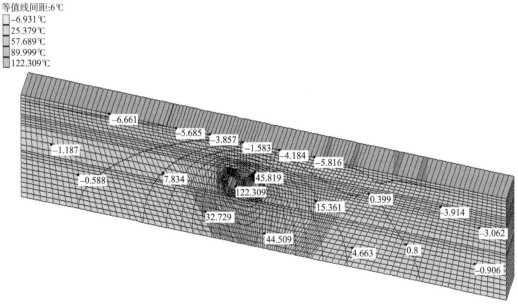

图 5.158 空气负温度期间(11月)沥青混凝土路面表面温度等值线图(单位:℃)

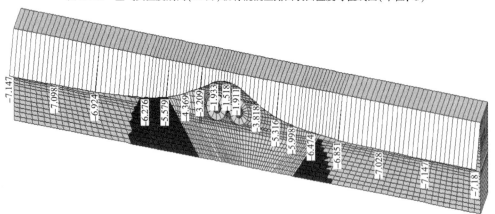

图 5.159 空气负温度期间(3月)沥青混凝土路面表面温度(单位:℃)

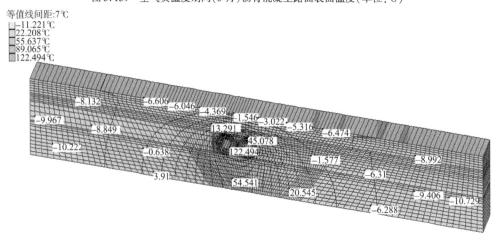

图 5.160 空气负温度期间(3月)沥青混凝土路面表面温度等值线图(单位:℃)

第5章 土体冻结、冻胀和融化过程计算的工程案例

2. 未铺设隔热材料但铺设了钢筋混凝土搭板的路面结构热物理状态岩土工程数值模拟结果分析

没有铺设隔热材料但铺设了钢筋混凝土搭板的路面结构热物理状态岩土工程计算模型和结果分别如图 5.161～图 5.165 所示。

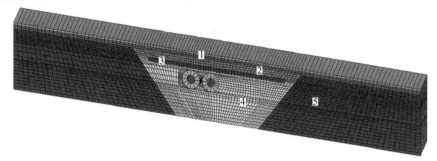

图 5.161　没有铺设隔热材料的结构计算模型
1-3 层沥青混凝土;2-碎石;3-搭板;4-砂砾混合土;5-路基

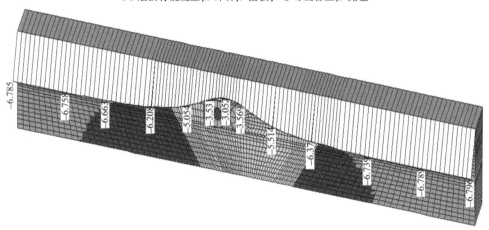

图 5.162　空气负温期间(11月)沥青混凝土路面表面温度(单位:℃)

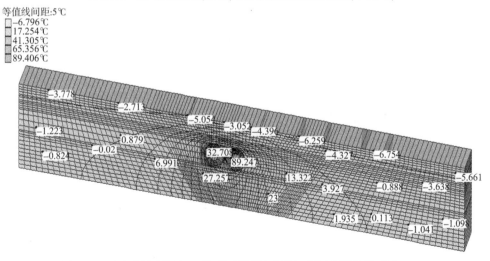

图 5.163　空气负温度期间(11月)沥青混凝土路面表面温度等值线图(单位:℃)

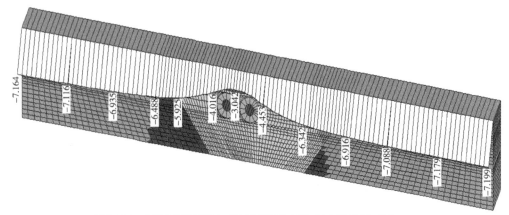

图 5.164 空气负温度期间(3月)沥青混凝土路面表面温度图(单位:℃)

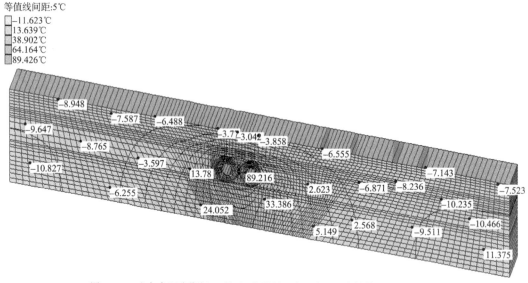

图 5.165 空气负温度期间(3月)沥青混凝土路面表面温度等值线图(单位:℃)

3. 铺设隔热材料后的路面结构热物理状态岩土工程数值模拟结果分析

铺设了隔热材料后的路面结构热物理状态岩土工程计算模型和结果分别如图 5.166~图 5.170 所示。

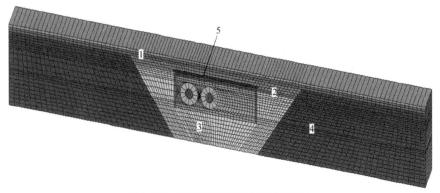

图 5.166 铺设隔热材料的结构计算模型
1-3 层沥青混凝土;2-碎石;3-砂砾混合土;4-路基;5-隔热材料

第5章 土体冻结、冻胀和融化过程计算的工程案例

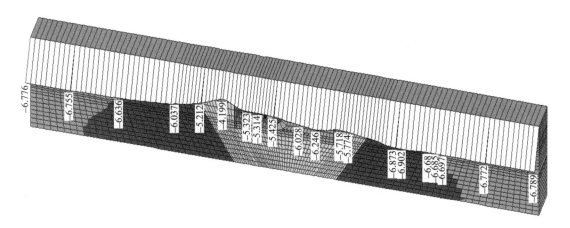

图 5.167　空气负温度期间(11月)沥青混凝土路面表面温度(单位:℃)

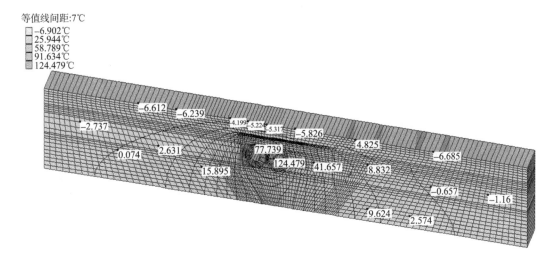

图 5.168　空气负温度期间(11月)沥青混凝土路面表面温度等值线图(单位:℃)

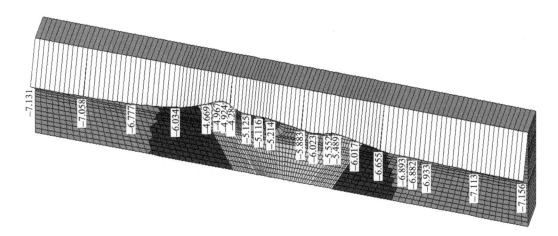

图 5.169　空气负温度期间(3月)沥青混凝土路面表面温度图(单位:℃)

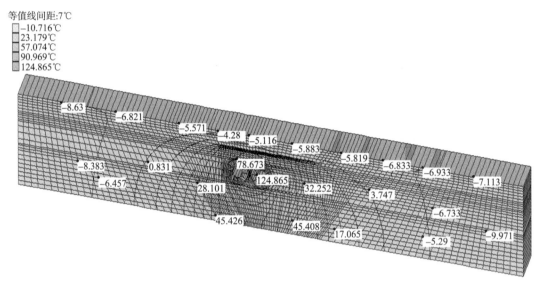

图 5.170　空气负温度期间(3月)沥青混凝土路面表面温度等值线图(单位:℃)

4. 搭板铺设在带隔热材料的管线上部的路面结构热物理状态的数值模拟结果分析

搭板铺设在带隔热材料的管线上部的结构计算模型和结果分别如图 5.171～图 5.175 所示。

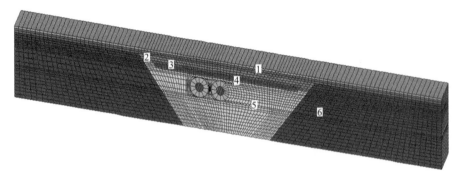

图 5.171　搭板铺设在带隔热材料的管线上部的结构计算模型
1-3 层沥青混凝土;2-碎石;3-聚苯乙烯泡沫;4-搭板;5-砂砾混合土;6-路基

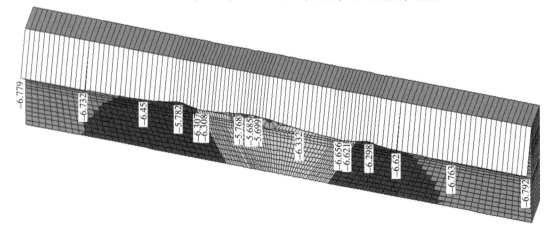

图 5.172　空气负温度期间(11月)沥青混凝土路面表面温度(单位:℃)

第5章 土体冻结、冻胀和融化过程计算的工程案例

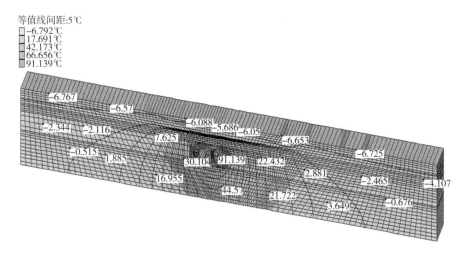

图 5.173 空气负温度期间(11 月)沥青混凝土路面表面温度等值线图(单位:℃)

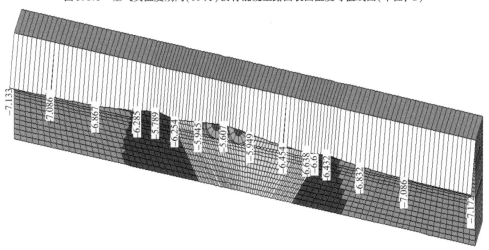

图 5.174 空气负温度期间(3 月)沥青混凝土路面表面温度图(单位:℃)

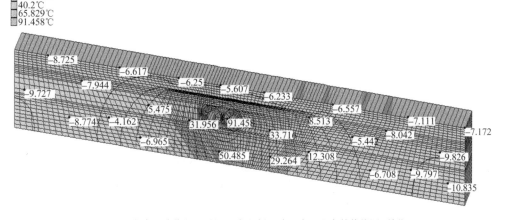

图 5.175 空气负温度期间(3 月)沥青混凝土路面表面温度等值线图(单位:℃)

通过以上4种设计方案计算结果的对比分析,得到如下结论:

(1)根据结构热物理状态的岩土工程模拟结果可知,不使用聚苯乙烯绝热材料的沥青混凝土表面温度变化范围为 $-3.05 \sim -1.52 ℃$,这是不可接受的,因为负温度期间允许加热沥青混凝土外表面的温度不应低于 $-4℃$。此外,确定了11月至翌年3月期间的负温度值。

(2)在钢筋混凝土板上铺设厚度为10cm的聚苯乙烯Penoplex45绝缘材料时,11月至翌年3月期间沥青混凝土外表面的温度为 $-5.61 \sim -4.2℃$,在容许值范围内。

(3)必须注意的是,冰冻区土体温度的实际值可以在合理的范围内与岩土模型中获得的值有所不同。这是由于从现行规范文件中获取的原数据也可能与具体区域特性的实际参数不同所致。

但是,在结构中发生的热物理过程的参数在时间上的质变完全符合实际。因此,基于热力学过程的岩土工程数值模拟表明,研发的防止热沥青混凝土路面温度升高的措施是有效的。

5.19.2 哈巴洛夫斯克-里多嘎-瓦尼诺(Хабаровск-Лидога-Ванино)公路段冻结融化过程数值模拟

为了评估哈巴洛夫斯克—里多嘎—瓦尼诺段公路初始设计方案和推荐设计方案的可行性,在该路段选取了2段进行热物理问题数值分析,如图5.176所示。

图5.176　哈巴洛夫斯克—里多嘎—瓦尼诺公路数值模拟路段现场图

路段冻胀计算的初始(设计)和推荐采用冻胀计算的(加固后的)原断面资料及工程地质资料分别如图5.177和图5.178所示。

在求解热物理问题时采用了OAO《ГИПРОДОРНИИ》哈巴罗夫斯克分公司于2007年完成的工程地质勘察资料。

对于每个工程地质单元,热物理特性指标和气候特征指标均根据物理指标依据相关规范文件选取。

月平均和年气温特征参数取自建筑行业规范《气候区划》(СП 131.13330—2019),按照就近选取原则。考虑到位于阿穆尔河畔(译者注:中国称阿穆尔河为黑龙江)科姆索莫尔斯克市铁路Тумнин和Сихотэ-Алиньской气象站的统计读数,采用插值法对气温数据进行了校正。

第5章 土体冻结、冻胀和融化过程计算的工程案例

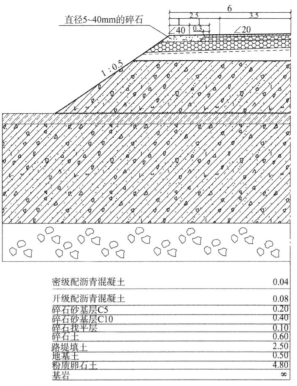

图 5.177 采用冻胀计算的初始(设计)地基、路基路面结构断面图(单位:m)

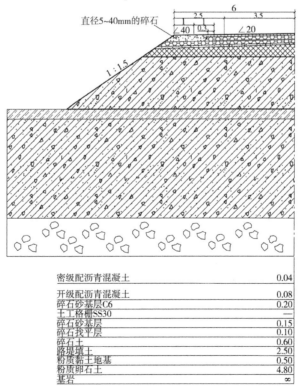

图 5.178 推荐采用冻胀计算的(加固后的)地基、路基路面结构断面图(单位:m)

1. 温度场的分布和冻结深度确定

由于对两个设计方案都进行了计算,为了清楚和便于比较,将结果并排放置。计算模型分别如图 5.179 和图 5.180 所示。

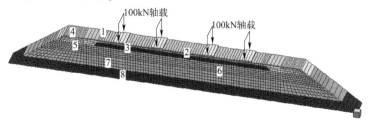

图 5.179　未加固的结构计算模型

1-密级配沥青混凝土面层;2-孔隙式沥青混凝土面层;3-砂碎石混合土 C_6;4-粒径 5~40mm 的碎石;5-砂碎石混合土 C_{10};6-找平层;7-碎石土;8-硬亚黏土,下部为粉质亚砂土

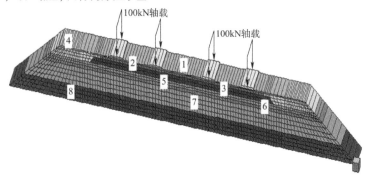

图 5.180　土工格栅加固的结构计算模型

1-密级配沥青混凝土面层;2-孔隙式沥青混凝土面层;3-砂碎石混合土 C_6;4-粒径 5~40mm 的碎石,加铺 SS30 土工格栅;5-砂碎石混合土 C_{10};6-找平层;7-碎石土;8-硬亚黏土,下部为粉质亚砂土

在确定太阳辐射强度时,考虑了北坡和西北坡的暴露条件。

正如计算图示(图 5.181~图 5.192)中指出的那样,两种方案的结果在冻结条件和冻结速度以及温度场的分布方面都没有太大的差别。

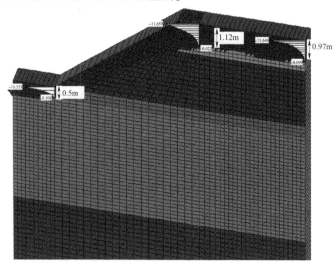

图 5.181　未加固结构第一个 10 天的 11 月冻结深度和土体温度图(单位:℃)

第5章 土体冻结、冻胀和融化过程计算的工程案例

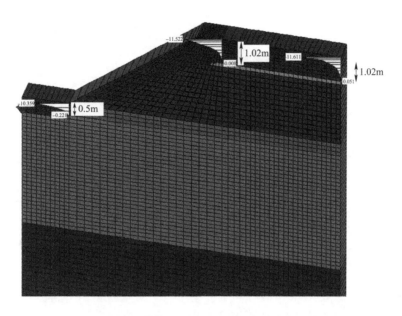

图 5.182　SS30 土工格栅加固结构第一个 10 天的 11 月冻结深度和土体温度图(单位:℃)

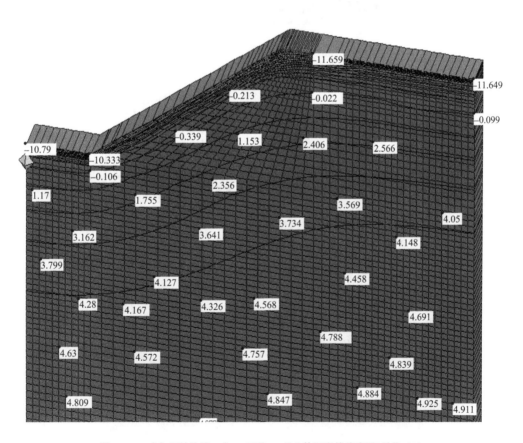

图 5.183　未加固结构第一个 10 天的 11 月土体温度等值线图(单位:℃)

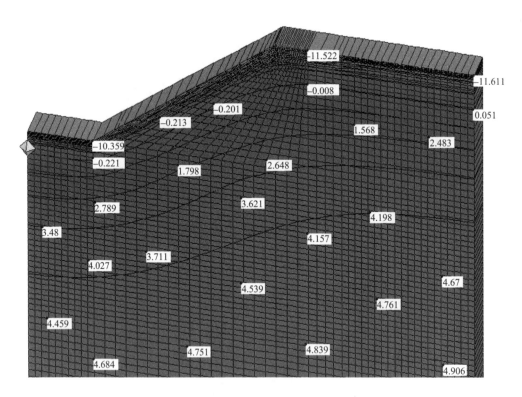

图5.184 土工格栅加固结构第一个10天的11月土体温度等值线图(单位:℃)

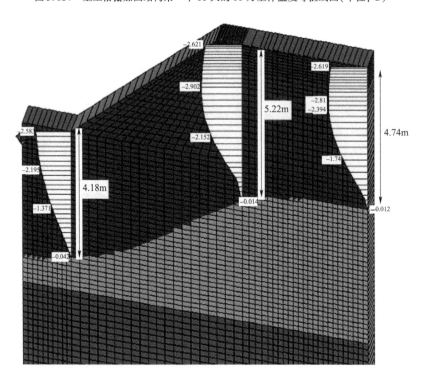

图5.185 未加固结构第三个10天的4月冻结深度图(单位:m)

第5章 土体冻结、冻胀和融化过程计算的工程案例

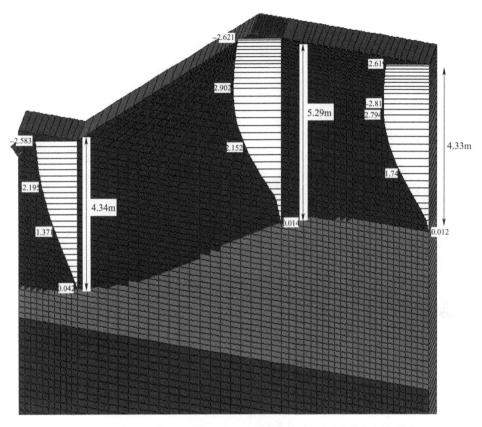

图 5.186　土工格栅 SS30 加固结构第三个 10 天的 4 月冻结深度和土体温度图（单位：℃）

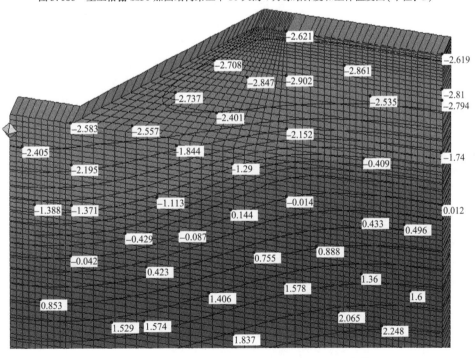

图 5.187　未加固结构第三个 10 天的 4 月土体温度等值线图（单位：℃）

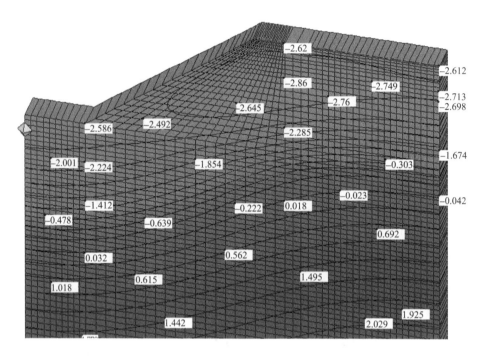

图5.188 土工格栅SS30加固结构第三个10天的4月土体温度等值线图(单位:℃)

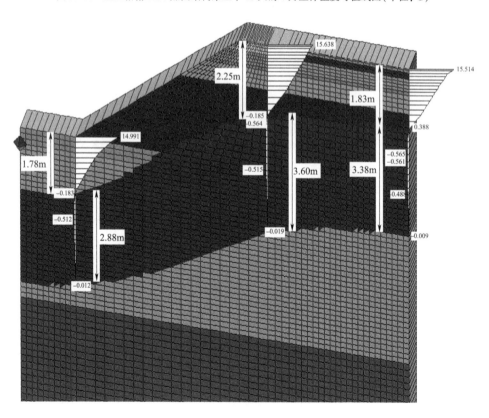

图5.189 未加固结构第二个10天的7月冻结、融化深度和土体温度图(单位:℃)

第5章 土体冻结、冻胀和融化过程计算的工程案例

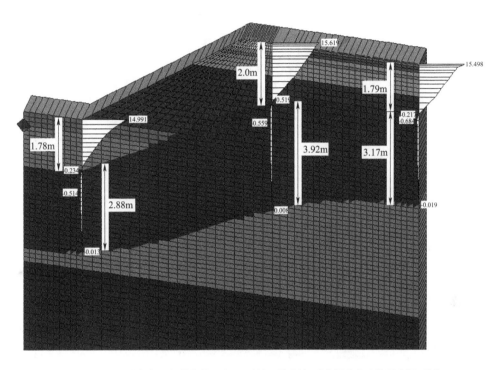

图 5.190　SS30 土工格栅加固的结构第二个 10 天的 7 月冻结、融化深度和土体温度图(单位:℃)

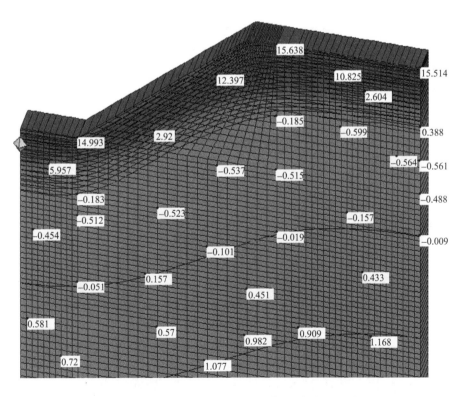

图 5.191　未加固结构第二个 10 天的 7 月土体温度等值线图(单位:℃)

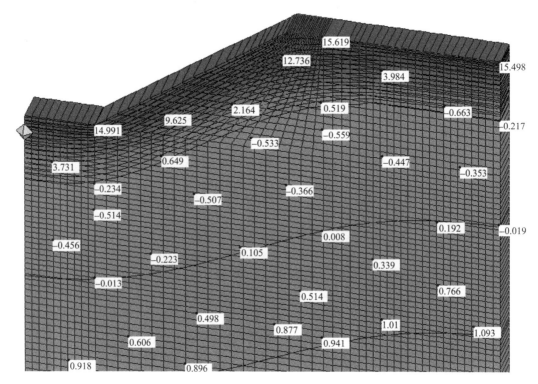

图 5.192　SS30 土工格栅加固结构第二个 10 天的 7 月土体温度等值线图(单位:℃)

2. 冻融时冻胀量确定

结构冻胀量的计算是根据前述方法进行的,其结果以便于比较分析的形式呈现。给出的诺莫图可以确定年度周期中任何 10 年的计算值。结构冻胀量计算值的编号分布如图 5.193 所示。

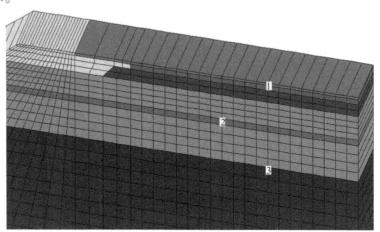

图 5.193　结构中冻胀量计算点分布图
1-路表面;2-找平层底面;3-碎石亚黏土表面

未加固和土工格栅 SS30 加固结构 10 天中的一整年绝对冻胀量值分别如图 5.194、图 5.195 所示。由图中可知,两种结构在每 10 天的 1 年中冻胀量值的变化趋势是相同的。由于两种方案设计中的几何差异不明显,因此绝对冻胀量值也很接近。冻胀发展速度最快

第5章　土体冻结、冻胀和融化过程计算的工程案例

的季节是在第二个10天的11月和第一个10天的1月初至2月;6月的强度略有增加,这与接近地下水位融化的上部界限及其部分水体结晶有关。冻胀速度在8—9月的第二次上升与冻结冰体进一步融化时相似性现象有关。

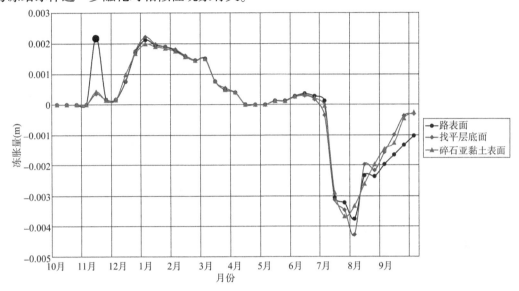

图5.194　无加固结构一整年绝对冻胀量值

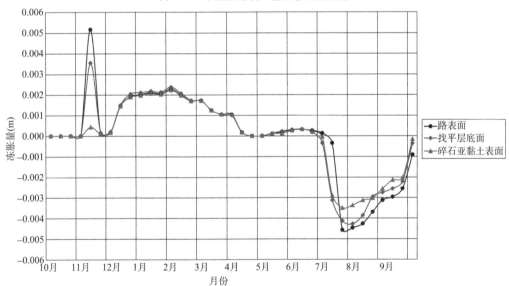

图5.195　土工格栅SS30加固结构一整年绝对冻胀量值

加固和未加固的结构中的总冻胀量值图分别如图5.196和图5.197所示。

由图5.196、图5.197可见,加固和未加固的结构中的总冻胀量值实际上具有相同的变化,其振幅也无明显差异,因此可省略对计算结果的中间分析过程。应指出的是,两种结构的冻胀量均在同一年的同一时期达到最大值,即3—7月。

在未加固的结构中最大冻胀量为21mm,而在土工格栅加固的路面结构中最大冻胀量为27mm。

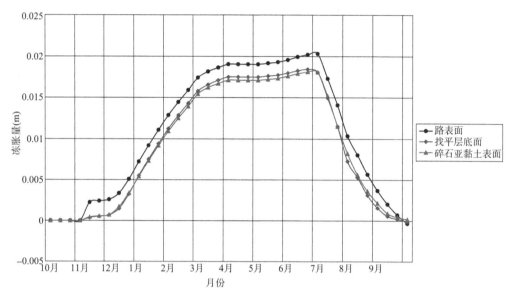

图 5.196　在没有加固的结构中按年循环累积冻胀量值

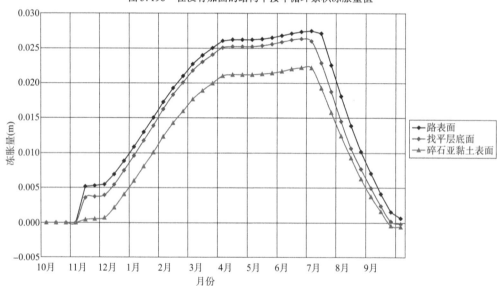

图 5.197　土工格栅 SS30 加固的结构中按年循环累积冻胀量值

根据现行建筑行业规范《公路设计规范》(СП 34.13330—2012)和《柔性路面设计规范》(ОДН 218.046—01),对于沥青混凝土轻交通路面的容许冻胀量不应超过 6cm。在 Ⅱ 区东部地区沥青混凝土轻交通路面的容许冻胀量可以增加 20%~40%。

因此,原无加固路面结构设计和推荐的加固的公路路面结构(使用 SS30 土工格栅进行加固,并减少 C10 层的厚度)计算冻胀量值分别为 2.1 cm 和 2.7 cm,两种设计方案都没有超过规范推荐标准。

通过数值分析,可以得到如下结论:

(1)在标准轴载 100kN 作用下,完成的原设计和推荐的路面结构减薄的土工格栅加固设计的路面结构岩土工程数值模拟表明,弹性变形值都不超过 1.48mm。这表明研究路段的

第5章 土体冻结、冻胀和融化过程计算的工程案例

原设计和推荐设计的路面结构和具有同样且足够的承载力。

（2）完成的原设计和推荐的路面结构减薄的土工格栅加固设计的路面结构岩土工程数值模拟的冻结区和温度场分布计算结果表明，两种方案的结果在冻结条件和冻结速度以及温度场的分布方面都没有太大的差别。

（3）完成的原设计和推荐的路面结构减薄的土工格栅加固设计结构冻胀量计算最大值相应地为2.1cm和2.7cm，都没有超过现行规范推荐的该路容许冻胀量值6.0cm。

（4）推荐的公路路面结构（使用SS30土工格栅进行加固，并减少基层的厚度）在确保强度、承载力和抗冻性方面满足现行设计法规的要求，因此可以推荐它作为原（设计）结构的替代方案。

5.20 季节性冷却装置在多年冻土地区铁路路基工程应用的数值分析

众所周知，在处于多年冻土上的路堤边坡上采用碎石通风护堤法或者季节性冷却装置（如热棒）法是保护多年冻土长期处于冻结状态的有效方法。其他方法，如单向压缩固结（预压加载法）或者打入大口径混凝土桩、大口径碎石桩等，其技术含量不高，且需要专业设备。

在俄罗斯，根据铁路路基地基土体内年平均温度的不同，对处于多年冻土上的路基主要采用两种基本措施：

(1)当路基的地基土体内的年平均温度低于-1℃时，采用节性冷却装置（如热棒）法。

(2)当路基的地基土体内的年平均温度在低于0℃时，采用碎石通风护堤法。

有一个误解，即认为在路基护脚下开一条沟槽会导致地基土湿度增加，并且会造成路堤的稳定性恶化。可是，除此之外没有其他更简单、更便宜的方法来稳定车辆行驶的地基。如果不这样做，则控制塑性变形综合措施的组件将从必要的稳定措施中排除。而缺少任何组件的综合措施，建筑行业规范《多年冻土区铁路勘察、设计与施工》（BCH 61—89）警示，都可能导致综合措施无效。

5.20.1 季节性冷却装置

为了预防处于多年冻土中的基础周边的多年冻土土体融化，许多国家采用了垂向热虹吸管（热捧）技术或者"热桩基础"。

目前，主要存在2种季节性冷却装置。

(1)热稳定装置：在垂向上安装了热虹吸管，用以冷却其周边的土体，如图5.198、图5.199所示。

(2)热桩：是带有集成热虹吸管的立式桩。热桩还承受荷载并将荷载转移到地基上，例如，作为石油和天然气管道的支撑桩等。

现阶段，在复杂岩土条件下使用人工土体冻结技术设计地基和基础时，需要使用数值模拟来预测土体冻结和融化期间的温度和湿度场。

在进行土体的热工程计算时，必须在对流传热，水分向冻结前沿的迁移以及冷却装置的运行中考虑土体的冻结和融化。

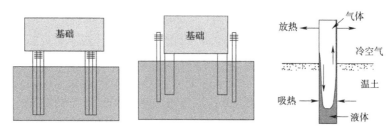

a)热稳定装置　　　b)热桩　　　c)热虹吸管热传导

图 5.198　季节性冷却装置示意图

图 5.199　季节性冷却装置地面上形态

以贝阿铁路 ПК 31943+00 处路堤为例,本书作者应用 FEM 的 Termoground 程序模块进行了数值分析,部分计算结果如图 5.200～图 5.202 所示。

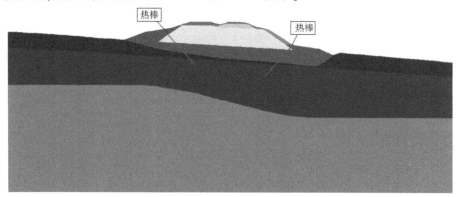

图 5.200　应用热棒倾角为 45°时路基断面计算模型图

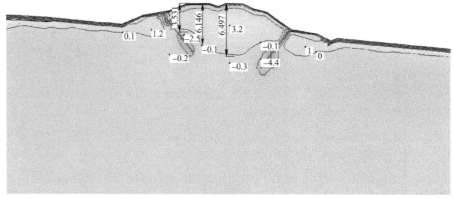

图 5.201　应用热棒倾角为 45°时使用至第 1 年 10 月时温度分布等值线图(单位:℃)

第5章　土体冻结、冻胀和融化过程计算的工程案例

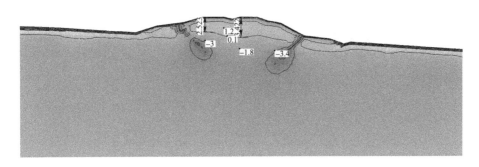

图 5.202　应用热棒倾角为 45°时使用至第 10 年 10 月时温度分布等值线图(单位:℃)

目前,在多年冻土区的交通建设中,应用自冷却综合系统已经成为普遍现象。常见热桩布设地段为桥墩基础、悬挂支柱基础及桩基础等,如图 5.203 所示。

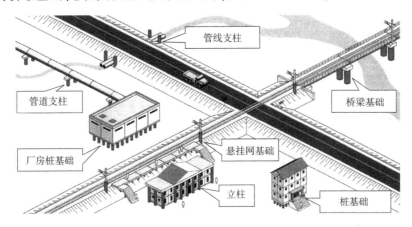

图 5.203　交通建设中热桩布设图

5.20.2　碎石通风护堤路基

碎石通风护堤路基的优点如下:

(1) 由于无法从路基底部清除融化后的软弱土体,因此碎石加铺层创造了防止路堤塌坡的条件,增加了路堤的稳定性,约束了多年反复融化、冻胀及冻结循环的土体。

(2) 碎石护堤的切入部分消除了隆起,并为主站点下方路堤基础的所谓固结创造了条件。此外,在交通合作作用下,不会干扰路旁的自然苔藓覆盖。

(3) 由碎石制成的护堤的地上部分,除了由于其质量而引起路堤的重力稳定性外,还考虑了沿该地点多年冻土上边界的不均匀,并确保了永冻土进一步融化的终止。

(4) 3~5 年后,在排水系统正常运行的情况下,护堤的冷却部分将通过沿护堤的轴线形成冰冻区域来形成防滤网。

作者以贝阿铁路 ПК 29210+00—ПК 29224+00 段为例,应用 FEM 的 Termoground 程序模块进行了数值分析,结果分别如图 5.204 ~ 图 5.210 所示。

为了将永久冻土保持在冻结状态并提高永久冻土上边界,使用了以下形式的冷却措施进行了上述数值分析计算:季节性冷却装置和碎石通风护堤路基能将永久冻土边界从 3m 上升到 4.1m,有效地保障了路基使用安全和稳定。

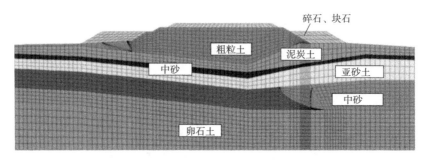

图 5.204 ПК 22812+25 应用碎石冷却结构路基计算图

图 5.205 没有用碎石冷却结构路基使用至第 10 年 10 月时温度分布图（单位：℃）

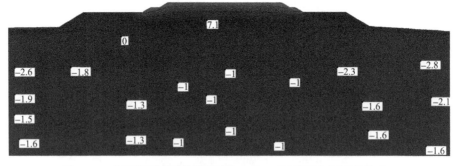

图 5.206 应用碎石冷却结构使用至第 10 年 10 月时温度分布图（单位：℃）

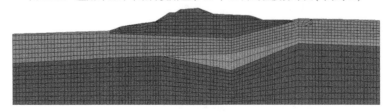

图 5.207 ПК 22712+10 没有应用碎石冷却结构路基计算图

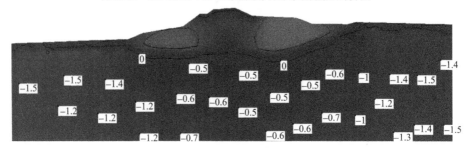

图 5.208 没有应用碎石冷却结构使用至第 10 年 10 月时温度分布图（单位：℃）

第5章 土体冻结、冻胀和融化过程计算的工程案例

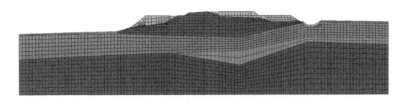

图 5.209　ПК 22712 + 10 应用碎石冷却结构路基计算图

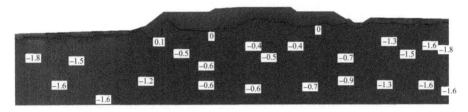

图 5.210　应用碎石冷却结构时使用至第 10 年 10 月时温度分布图(单位:℃)

这种稳定方法的效率已经在西伯利亚东部铁路 Анамакит-Новый Уоян-Баканы 段铁路轨道的全面重建期间、里程桩号为 ПК1228 + 0—ПК1260 + 5 段的实体工程上得到了证明,如图 5.211 所示。

图 5.211　Анамакит-Новый Уоян-Баканы 段现场图

这种横断面设计与加强的排水系统相结合,使得路基边坡的蠕变停止,并提供了加固地基土的可能性。

应用 FEM 的 Termoground 程序模块可以对复杂的岩土工程热物问题进行数值分析,为工程设计及科研人员提供功能强大的有力工具。

参 考 文 献

[1] Андрианов П. И. Температура замерзания грунтов. М. : Изд-во АН СССР, 1936. 16 с.

[2] Бучко Н. А. Исследование нестационарного теплообмена при использовании холода в строительстве: Автореф. дис. ... д-ра техн. наук. Л. : ЛГИ ХП, 1977, 54 с.

[3] Временные технические условия на проектирование земляного полотна железнодорожной линии Улак-Эльга с сохранением мерзлотного состояния грунтов основания. М. Департамент пути МПС РФ. 2001, 52 с.

[4] Гвоздев А. А. Температурно-усадочные деформации в массивных бетонных блоках. Изв. АН СССР. 1953, № 4. С. 18-26.

[5] Гольдштейн М. Н. Деформации земляного полотна и оснований сооружений при промерзании и оттаивании. М. : Трансжелдориздат, 1948, 212 с.

[6] ГОСТ 19706-74. Грунты. Методы лабораторного определения коэффициентов оттаивания и сжимаемости при оттаивании мерзлых грунтов. -М. : Изд-во стандартов, 1974, -6 с.

[7] ГОСТ 28622-90. Грунты. Метод лабораторного определения степени пучинистости. -М. : Госстандарт, 1990, -10 с.

[8] Гречищев С. Е, Чистотинов Л. В, Шур Ю. Л. Криогенные физико-геологические процессы и их прогноз. М. : Недра. 1980, 382 с.

[9] Далматов Б. И, Ласточкин В. С. Устройство газопроводов в пучинистых грунтах. Л. , Недра, 1978, 199 с. 67.

[10] Далматов Б. И. Механика грунтов, основания и фундаменты. Л. , Стройиздат, ЛО, 1988.

[11] Дерягин Б. В, Киселева О. А, Соболев В. Д, Чураев Н. В. Течение незамерзающей воды в пористых телах/Вода в дисперсных системах. М. : Химия, 1989.

[12] Достовалов Б. Н, Кудрявцев В. А. Общее мерзлотоведение. - М. : Изд-во МГУ, 1967, -403 с.

[13] Дубина М. М, Тесленко Д. К. Инструменты для расчетов термомеханического поведения геотехнических систем. Актуальные проблемы механики, прочности и теплопроводности при низких температурах. Моделирование замораживания грунтов искусственным холодом. Материалы IX научно-технической конференции. СПб. : СПбГУНИПТ, 2003, С. 102-105.

[14] Ершов Э. Д. Влагоперенос и криогенные структуры в дисперсных породах. М. : Изд-во МГУ, 1979, 214 с.

[15] Ершов Э. Д. Физико-химия и механика мерзлых пород. М. : Изд-во МГУ, 1986, 332 с.

[16] Ершов Э. Д. Общая геокриология. М. : Недра, 1990, 559 с.

[17] Ершов Э. Д. , Мотенко Р. Г. , Комаров И. А. Экспериментальное исследование теплофизических свойств и фазового состава влаги засоленных мерзлых грунтов// Геоэкология, геокриология. 1999, №3. C. 232-242.

[18] Запорожец И. Д. , Окороков С. Д. , Парийский А. А. Тепловыделение бетона. Л. -М. Лит-ра по строительству. 1966, 314 с.

[19] Золотарь И. А. Расчет промерзания и величины пучения с учетом миграции. // Процессы тепло-массопереноса в горных породах. М. : Наука, 1965, С. 19-25.

[20] Карлов В. Д. Исследование потенциала влагопереноса в неводонасыщенном грунте. Механика грунтов, основания и фундаменты. Сб. докл. XXVII научн. конф. ЛИСИ. Л. 1968, с. 41-44.

[21] Карлов В. Д. Основания и фундаменты в районах распространения вечномерзлых грунтов. - М. - СПб. : Изд-во АСВ, 1997, - 176 с.

[22] Карлов В. Д. Сезоннопромерзающие грунты как основания сооружений: Дис. ... д-ра техн. наук. - СПб. , 1998, -320с.

[23] Карлов В. Д. Принципы проектирования фундаментов при использовании в основаниях сооружений сезоннопромерзающих грунтов // Геотехника. Наука и практика: Сб. науч. тр. - СПб. : СПбГАСУ, 2000, - С. 15-24.

[24] Карлов В. Д. К вопросу о пучинистости крупнообломочных грунтов при промерзании. Основания и фундаменты: Теория и практика. Межвузовский тематический сборник трудов. СПбГАСУ. Санкт-Петербург, 2004, С. 140-143.

[25] Карпов В. М. Исследование морозного пучения грунтов при неполном их водонасыщении. - Научн. Тр. ЛИСИ. Л. , 1962, вып. 37. с. 42-55.

[26] Киселев М. Ф. Теория сжимаемости оттаивающих грунтов под давлением. Л. : Стройиздат, Ленингр. отд-ние, 1978, 176 с.

[27] Конюшенко А. Г. , Анисимова Л. Г. Об увеличении объема пор в грунте при замерзании в нем влаги. Строительство в районах Восточной Сибири и Крайнего Севера. Выпуск 43. 1977, С. 78-82.

[28] Костерин Э. В. Деформации свайных фундаментов жилого дома в период строительства от воздействия морозного пучения//Основания, фундаменты и механика грунтов, №6, 1984.

[29] Кроник Я. А. Термомеханические модели мерзлых грунтов и криогенных процессов. - В кн. : Реология грунтов и инженерное мерзлотоведение. М. : Наука, 1982, С. 200-211.

[30] Кроник Я. А. , Демин И. И. Расчеты температурных полей и напряженно-деформ-ированного состояния грунтовых сооружений методом конечных элементов. МИСИ. М. :

1982, 102 c.

[31] Кудрявцев В. А, Меламед В. Т. Формула расчета глубины сезонного промерзания грунтов (в случае неравных теплофизических характеристик талого и мерзлого грунтов. Мерзлотные исследования. ВыпускⅢ. Изд-во МГУ, 1963, с. 3-9.

[32] Кудрявцев С. А, Тюрин И. М. Теория и практика проектирования фундаментов зданий и сооружений в пучиноопасных грунтах Дальнего Востока: Учебное пособие. -Хабаровск: ДВГУПС, 1999, -83 с.

[33] Кудрявцев С. А, Сахаров И. И, Парамонов В. Н, Шашкин К. Г. Исследование процессов промерзания основания фундаментов эстакады в г. Хабаровске. Опыт строительства и реконструкции зданий и сооружений на слабых грунтах: Материалы Международной научно-технической конференции. -Архангельск: Изд-во Арханг. Гос. Техн. ун-та, 2003, С. 83-88.

[34] Кудрявцев С. А, Улицкий В. М, Парамонов В. Н, Сахаров И. И, Шашкин К. Г. Численное моделирование процесса морозного пучения грунтов сооружений. Каспийская Международная конференции по геоэкологии и геотехнике. Баку. Азербайджан, 3-5 ноября, 2003 г, Баку. С. 213-216.

[35] Кудрявцев С. А. Численные исследования теплофизических процессов в сезонномерзлых грунтах. Криосфера Земли. №4. ТомⅦ, 2003, С. 76-81.

[36] Кудрявцев С. А. Влияние миграционной влаги на процесс морозного пучения сезоннопромерзающих грунтов. Реконструкция городов и геотехническое строительство. Интернет-журнал: www. georec. spb. ru. Реконструкция городов и геотехническое строительство № 7. Санкт-Петербург. 2003-2004, С. 233-240.

[37] Кудрявцев С. А. Геотехнологии в реконструкции земляного полотна. Путь и путевое хозяйство. М.: №2. 2004, 23-24.

[38] Кудрявцев С. А, Юсупов С. Н. Исследование распределения температурных полей в насыпи на участке Забайкальской железной дороги. Вопросы надежности пути в условиях сурового климата. Межвуз. сб. научн. трудов. ДВГУПС. Хабаровск:, 2004, С. 27-32.

[39] Кульчицкий В. А, Макагонов В. А, Васильев Н. Б, Чеков А. Н, Романков Н. И. Аэродромные покрытия. Современный взгляд. -М.: Физико-математическая литература, 2002, -528 с.

[40] Лапкин Г. И. Расчет осадок сооружений на оттаивающих вечномерзлых грунтах на основе опытов с естественными образцами, проведенных в лабораторных условиях. /Бюл. Союзтранспроекта, 1938, №12. 12 с.

[41] Лебедев А. Ф. Передвижение воды в почвах и грунтах// Изв. Донского ин-та. 1919, Т. 3. 220 с.

[42] Лыков А. В. Теория теплопроводности. М.: Высшая школа, 1968, 599 с.

[43] Мазуров Г. П. Физико-механические свойства мерзлых грунтов. Л., Стройиздат,

1975, 215 c.

[44] Максимов И. А. Прогноз искусственного оттаивания вечномерзлых грунтов в основаниях гидротехнических сооружений/И. А. Максимов, А. Г. Максимова// Материалы конференций и совещаний по гидротехнике. - Л. : Энергоатомиздат, 1988, -С. 111-118.

[45] Мельников А. В, Васенин В. А. Оценка горизонтального давления морозного пучения на ограждение котлована//Актуальные вопросы геотехники при решении сложных задач нового строительства и реконструкции. Сб. тр. науч. -техн. конф. - СПб. , 2010.

[46] Морарескул Н. Н. Исследование нормальных сил морозного пучения. Диссертация на соискание ученой степени кандидата технических наук. Л. 1949,257 с.

[47] Невзоров А. Л. Фундаменты на сезоннопромерзающих грунтах. Учебное пособие/ М. Изд. АСВ, 2000, 152 с.

[48] Нерпин С. В, Чудновский А. Ф. Физика почвы. М. : Наука, 1967, -583 с.

[49] Орлов В. О. Криогенное пучение тонкодисперсных грунтов. М. : Изд-во АН СССР, 1962, 188с.

[50] Орлов В. О, Дубнов Ю. Д, Меренков Н. Д. Морозное пучение промерзающих грунтов и его влияние на фундаменты сооружений. Л. :Стройиздат. Ленингр. от-ние, 1977,183 с.

[51] Парамонов, М. В. Исследование линейных и объемных деформаций морозного пучения в лабораторных условиях// Вестник гражданских инженеров. -СПб. , 2012, -№6(35). -С. 84-86.

[52] Парамонов В. Н, Сахаров И. И, Кудрявцев С. А. , Шашкин К. Г, Васенин В. А. , Захаров А. Е. Усиление промороженных оснований зданий холодильников. Актуальные проблемы усиления оснований и фундаментов аварийных зданий и сооружений. Сборник научных статей международной практической конференции. - Пенза, 2002,С. 131-333.

[53] Парамонов М. В. Напряженно-деформированное состояние системы 《основание - сооружение》 при неодномерном промерзании. Автореф. дисс. канд. техн. наук. - СПб, 2013.

[54] Пасек В. В. Тепловое воздействие гофрированных водопропускных труб большого диаметра с вечномерзлыми грунтами тела и оснований земполотна железных и автомобильных дорог. 5-й Международный симпозиум по проблемам инженерного мерзлотоведения. Т. 2. Якутск, 2002, С.94-98.

[55] Паталеев А. В. Результаты наблюдений за развитием морозобойных трещин при сезонном промерзании грунтов в районе Хабаровска//Устойчивость железнодорожных сооружений в условиях мерзлотных явлений. Хабаровск, ХабИИЖТ. 1966, Вып. 57. С. 21-27.

[56] Плотников А. А. Расчет температурного режима вечномерзлых оснований. — Энерг. стрво, 1978, № 8, с. 70-73.

[57] Плотников А. А. Функциональные предпосылки и теплофизические возможности частичной застройки проветриваемого подполья северного жилого дома: Автореф. дис. ... канд. техн. наук. М.: МИСИ, 1978, 22 с.

[58] Полянкин Г. Н, Ким А. Ф, Пусков В. И. Оценка напряженно-деформированного состояния промерзающего слоя грунта при его взаимодействии с боковой поверхностью фундамента. Инженерно-геологические условия и особенности фундаментостроения при транспортном строительстве в Сибири. Новосибирск. НИИЖТ, 1980, С. 50-59.

[59] Полянкин Г. Н. Исследование совместной работы основания и фундамента в промерзающих пучинистых грунтах. Диссертация на соискание ученой степени кандидата технических наук. НИИЖТ. Новосибирск, 1982, 130 с.

[60] Пособие по проектированию мероприятий для защиты эксплуатируемых зданий и сооружений от влияния горнопроходческих работ при строительстве метрополитена. ВНИИГалургии, ВНИМИ, Ленметрострой. Л. Стройиздат, 1973.

[61] Примак В. А, Полевиченко А. Г. Исследование характера промерзания земляного полотна при наличии шлакового покрытия. Вопросы пути и устойчивости транспортных сооружений. Труды ХабИИЖТ. Выпуск 28. Изд-во Транспорт. Москва. 1967, С. 20-25.

[62] Пузаков Н. А. Вводно-тепловой режим земляного полотна автомобильных дорог. М.: Автотрансиздат, 1960, -168 с.

[63] Пусков В. И, Крицкий М. Я., Мельников И. А. Морозное пучение компрессионно нагруженных образцов грунта // Инж.-геол. условия, основания и фундаменты транспортных сооружений в Сибири: Межвуз. сб. науч. тр. - Новосибирск: НИИЖТ, 1991, - С. 76-84.

[64] Расчеты машиностроительных конструкций методом конечных элементов: Справочник/ Меченков В. П., Майборода В. П. и др.; Под общ. ред. Меченкова В. П. - М.: Машиностроение, 1989, -520 с.

[65] Роман Л. Т. Механика мерзлых грунтов. М.: МАИК 《Наука/ Интерпериодика》, 2002-426 с.

[66] РСН 67-87. Инженерные изыскания для строительства. Составление прогноза изменений температурного режима вечномерзлых грунтов численными методами. М.: Госстрой РСФСР, 1987, 80 с.

[67] Сахаров И. И. Физикомеханика криопроцесса в грунтах и ее приложения при оценке деформаций зданий и сооружений. Автореф. дисс. докт. техн. наук. Пермь, 1995, 44 с.

[68] Сахаров И. И, Захаров А. Е. Перспективы методов усиления оснований архитектурных

памятников севера и Сибири//Реконструкция городов и геотехническое строительство. Интернет-журнал № 4, 2001.

[69] Сахаров И. И, Шашкин К. Г, Парамонов В. Н, Кудрявцев С. А. Теплофизические и деформационные расчеты оснований зданий холодильников, промороженных в ходе эксплуатации. Реконструкция-Санкт-Петербург-2003. Сборник докладов международной научно-практической конференции. Часть 1. Санкт-Петербург, 2002, С. 219-222.

[70] Сахаров И. И, Шашкин К. Г, Васенин В. А, Захаров А. Е, Парамонов В. Н, Кудрявцев С. А. Усиление промороженных оснований зданий холодильников. Усиление оснований и фундаментов аварийных зданий и сооружений. Доклады междун. научно-практ. конф. в Пензе, 2002.

[71] Сахаров И. И, Парамонов В. Н. Некоторые особенности застройки территорий над эскалаторными тоннелями метрополитена в Санкт-Петербурге. Геотехника, №6. М., 2010, с. 60-63.

[72] Сахаров И. И, Парамонов В. Н, Парамонов, М. В. Опыт совместного расчета здания с испытывающим промерзание основанием // Жилищное строительство. - М., 2011, -С. 10-14.

[73] Сахаров И. И, Парамонов М. В. Численная оценка деформаций каркасного здания при промерзании и оттаивании свайного основания//Современные инновационные технологии изысканий, проектирования и строительства в условиях Крайнего Севера: материалы международной конференции. -Якутск, 2012, -С. 122-128.

[74] Сахаров И. И, Парамонов, М. В. Численная оценка влияния морозного пучения на НДС укрепленных стен котлованов // Численные методы расчетов в практике геотехники: сборник трудов научно-технической конференции. -СПб.: СПбГАСУ, 2012, -С. 159-164.

[75] Свиньин В. Деформации зданий и сооружений под действием пучащегося грунта. Инженерный журнал. № 10. СПб. 1912, С. 12-26.

[76] Сегерлинд Л. Применение метода конечных элементов. М., Мир, 1979, 392 с.

[77] Сильвестров С. Н. Осадка поверхности земли при сооружении эскалаторных тоннелей метрополитена с применением искусственного замораживания пород. Дисс. канд. техн. наук, 1964.

[78] СНиП 2. 02. 04-88. Основания и фундаменты на вечномерзлых грунтах/Госстрой СССР. М.: ЦИТП Госстроя СССР, 1990,56 с.

[79] СНиПII-3-79. Строительная теплотехника. -М.: Госстрой России, ГУП ЦПП, 2000, 29 с.

[80] СНиП 23-01-99. Строительная климатология. -М.: Госстрой России, ГУП ЦПП, 2000, 57 с.

[81] Сумгин М. И. Физико-механические процессы во влажных и мерзлых грунтах в

связи с образованием пучин на дорогах. М. : Транспечать, 1929, 278 с.

［82］Тютюнов И. А, Нерсесова З. А. Природа миграции воды в грунтах при промерзании и основы физико-механических приемов борьбы с пучением. М. : Изд-во АН СССР, 1963, 160 с.

［83］Улицкий В. М. Исследование особенностей работы анкерных фундаментов в пучинистых грунтах. Автореф. дис. канд. техн. наук. Л. : 1969, 24 с.

［84］Фадеев А. Б. Метод конечных элементов в геомеханике. М. : Недра, 1987, 221 с.

［85］Фадеев А. Б, Сахаров И. И, Репина П. И. Численное моделирование процессов промерзания и пучения в системе 《 фундамент основание 》/Основания, фундаменты и механика грунтов. 1994. №5. С. 6-9.

［86］Федоров В. И. Процессы влагонакопления и морозоопасность грунтов в строительстве. Владивосток, ДальНИИС, 1992, 180 с.

［87］Фельдман Г. М. Передвижение влаги в талых и промерзающих грунтах. Новосибирск: Наука, 1988, 257 с.

［88］Фельдман Г. М, Тетельбаум А. С, Шендер Н. И. и др. Пособие по прогнозу температурного режима грунтов Якутии/Отв. ред. П. И. Мельников. Якутск: Ин-т мерзлотоведения СО АН СССР, 1988, 240 с.

［89］Хрусталев Л. Н, Емельянова Л. В, Кауркин В. Д. Прогноз негативных геокриологических последствий потепления климата. Криосфера земли как среда жизнеобеспечения. Материалы международной конференции, посвященной 95-летию со дня рождения П. И. Мельникова. 26-28 мая 2003 г. Пущино, С. 122-123.

［90］Цернант А. А. Сооружение земляного полотна в криолитозоне: Автореф. дис. д-ра техн. наук/ НИИ транспортного строительства. - М. , 1998, - 97 с.

［91］Цырендоржиева М. Д. Влияние режима нагружения на деформирование мерзлых грунтов: Автореф. дис. канд. Геол. -минерал. Наук. М. , 1994, 17 с.

［92］Цытович Н. А. Расчет осадок фундаментов. М. , Стройиздат, 1941, 191 с.

［93］Цытович Н. А. Принципы механики мерзлых грунтов, Изд-во АН СССР, 1952. 168 с.

［94］Цытович Н. А, Нерсесова З. А. Фазовый состав воды в мерзлых грунтах. -В кн. : Материалы по лабораторным исследованиям мерзлых грунтов. М. : Изд-во АН СССР, 1957, сб. 3, с. 14-20.

［95］Цытович Н. А. Механика мерзлых грунтов. М. : Высш. школа, 1973, 448 с.

［96］Цытович Н. А, Кроник Я. А, Лосева С. Г. Теплофизические свойства грунтовых смесей, используемых при строительстве плотин в условиях Крайнего Севера. - Энерг. стр-во, 1979, №4, с. 60-63.

［97］Чеверев В. Г. Классификация влаги в мерзлых грунтах // Мерзлые породы и криогенные процессы. - М. : Наука, 1991, - С. 7-17.

［98］Чеверев В. Г. Физико-химическая теория формирования массообменных и тепловых свойств криогенных грунтов: Автореф. дисс. д-ра геол. - минерал. наук. М. ,

1999, 40 c.

[99] Чистотинов Л. В. Миграция влаги в промерзающих неводонасыщенных грунтах. М.: Наука, 1973, 144с.

[100] Чистотинов Л. В. Криогенная миграция влаги и пучение горных пород. М.: ВИЭМС, 1974, 48 с.

[101] Чистотинов Л. В. Моделирование тепло-массопереноса в промерзающих пучинистых грунтах.//Проблемы геокрологии. Якутск: Изд-во СО РАН, 1998, с. 95-101.

[102] Шашкин К. Г. Использование структуры универсального конечного элемента при разработке моделей в рамках программы 《FEM models》.//Реконструкция городов и гетехническое строительство, №2, 2000, С. 26-32.

[103] Швец В. Б. Элювиальные грунты как основания сооружений. - М.: Стройиздат, 1993, -220 с.

[104] Штукенберг В. И. Заметка о пучинах на железных дорогах и о мерах для уничтожениях их. "Инженер" -журнал Министерства Путей сообщения. Том IV, книга 10. Санкт-Петербург, 1885, С. 23-36.

[105] Шушерина Е. П. Изменение физико-механических свойств грунтов под действием промерзания и последующего оттаивания. Материалы по физике и механике мерзлых грунтов. VII Междуведомств. Совещ. по мерзлотоведению. М., 1959, с. 48-55.

[106] Beskow G. Freezing and Heaving with Special Application tj Roads and Railways// Sver. Geol. Unders., ser. №375. Traus. Technical Institute, Northwestern Univ., Evanston. Ⅲ. 1947. pp. 340 - 364.

[107] Bouyouces G. I. Movement of soil moisture from small capillaries to the large capillaries of the soil upon freezing//Agric. Res, 1923, Vol. 24, №5. pp. 126-157.

[108] Carslaw H. S., and Jaeger J. C. Conduction of Heat in Solids. Clarendon Press, Oxford, 1947, 526 p.

[109] Comini G., Del Guidice S., Lewis R. W., Zienkiewicz O. C. Finite element solution of non-liner heat conduction problems with special reference to phase change. "Int. J. Num. Meth. Engn.". №8, 1974. pp, 613-624.

[110] Coutts R. J., Konrad J. M.. Finite Element Modelling of Transient None-Linear Heat Flow Using the Node State Method. Intl. Ground Freezing Conf. France. November, 1994, pp. 876-892.

[111] Guidice Del S., Comini G., Lewis R. W. Finite element simulation of freezing process in soil. "Int. J. Num. Anal. Meth. Geomech." №2, 1978, pp. 223-235.

[112] Hwang C. T., D. W. Murray, E. W. Brooker. A Thermal Analysis for Structures on permafrost[J]. Canadian Geotechnical Journal, 1972, 9(1): 33-46.

[113] Konrad J. M. Frost heave mechanics: Ph. D. Thesis, Edmonton Alberta, -1980, -472p.

[114] Konrad J. M. Procedure for determining the segregation potential of freezing soils. -

Geotech. Testing J. , 1987 ,-Vol. 10. - . No 2. - pp. 51-58.

[115] Kudryavtsev S. A. State of the geotechnologies in reconstruction of foundations along the Trans-Siberian Railway. Reconstruction of historical cities and geotechnical engineering. Proceedings of the geotechnical conference dedicated to the tercentenary of Saint Petersburg. Volume 1. Saint Petersburg 17-19, September 2003. pp. 335 -339.

[116] Nixon J. F. , and McRoberts E. C. A Study of Some Factors Affecting the Thawing of Frozen Soils. Canadian Geotechnical Journal, 1973, Vol. 10. pp. 138-186.

[117] Software TEMP/W. Version 5. 01. GEO-SLOPE International Ltd. Calgary, Alberta, Canada. www. geo-slope. com, 1995-2003.

[118] Taber S. Freezing and thawing of soils as a factor in destruction of road pavements//Public Roads, 1930. , Vol. 11, №6. pp. 113-132.

[119] Torgashov V. V. , Alekseeva I. P. To the Problem of Stability of Buildings in Conditions of Permafrost Degradation and Seismic Influence. Fifth International Symposium on Permafrost Engineering, Yakutsk, 2002.

[120] Tsytovich N. A. , Kronik J. A. Interrelationship of the principal physicochemical and thermophysical properties of coarse-grained frozen soil. Bochum, 1978, - Eng. Geol. , 1979, № 13, pp. 163-167.